高等院校机械类应用型本科"十二五"创新规划系列教材

顾问●张 策 张福润 赵敖生

机械设计课程设计

主 编 李文燕 李淼林 李 郁

副主编 王胜曼 王晋鹏

主 审 钟发祥

JIXIE SHEJI KECHENG SHEJI

华中科技大学出版社

http://www.hustp.com

中国·武汉

内 容 简 介

本书为高等院校"机械设计"及"机械设计基础"课程的配套教学指导书。全书分为三个部分：第一部分为机械设计课程设计指导，以圆柱齿轮减速器为主线，系统介绍了机械传动装置的设计内容、步骤和方法；第二部分为机械设计课程设计常用标准、规范和设计资料；第三部分为减速器装配图、零件图的参考图例，可供学生设计时参考。

本书可作为本科院校机械类、近机械类和非机械类各专业"机械设计课程设计"的教材，也可作为专科院校"机械设计课程设计"的教材和参考资料。

图书在版编目(CIP)数据

机械设计课程设计/李文燕，李淼林，李郁，主编. —武汉：华中科技大学出版社，2013.10（2020.8重印）
ISBN 978-7-5609-9280-8

Ⅰ.机… Ⅱ.①李… ②李… ③李… Ⅲ.机械设计-课程设计-高等学校-教材 Ⅳ.TH122-41

中国版本图书馆 CIP 数据核字(2013)第 181844 号

机械设计课程设计　　　　　　　　　　　　　李文燕　李淼林　李　郁　主编

策划编辑：俞道凯
责任编辑：姚　幸
封面设计：陈　静
责任校对：李　琴
责任监印：张正林
出版发行：华中科技大学出版社(中国•武汉)　　　电话：(027)81321913
　　　　　武汉市东湖新技术开发区华工科技园　　　邮编：430223
录　　排：武汉市洪山区佳年华文印部
印　　刷：广东虎彩云印刷有限公司
开　　本：787mm×1092mm　1/16
印　　张：12.75
字　　数：328 千字
版　　次：2020 年 8 月第 1 版第 5 次印刷
定　　价：26.00 元

高等院校机械类应用型本科"十二五"创新规划系列教材

编审委员会

高等院校机械类应用型本科"十二五"创新规划系列教材

总　　序

《国家中长期教育改革和发展规划纲要(2010—2020)》颁布以来,胡锦涛总书记指出:教育是民族振兴、社会进步的基石,是提高国民素质、促进人的全面发展的根本途径。温家宝总理在 2010 年全国教育工作会议上的讲话中指出:民办教育是我国教育的重要组成部分。发展民办教育,是满足人民群众多样化教育需求、增强教育发展活力的必然要求。目前,我国高等教育发展正进入一个以注重质量、优化结构、深化改革为特征的新时期,从 1998 年到 2010 年,我国民办高校从 21 所发展到了 676 所,在校生从 1.2 万人增长为 477 万人。独立学院和民办本科学校在拓展高等教育资源,扩大高校办学规模,尤其是在培养应用型人才等方面发挥了积极作用。

当前我国机械行业发展迅猛,急需大量的机械类应用型人才。全国应用型高校中设有机械专业的学校众多,但这些学校使用的教材中,既符合当前改革形势又适用于目前教学形式的优秀教材却很少。针对这种现状,急需推出一系列切合当前教育改革需要的高质量优秀专业教材,以推动应用型本科教育办学体制和运行机制的改革,提高教育的整体水平,加快改进应用型本科的办学模式、课程体系和教学方式,形成具有多元化特色的教育体系。现阶段,组织应用型本科教材的编写是独立学院和民办普通本科院校内涵提升的需要,是独立学院和民办普通本科院校教学建设的需要,也是市场的需要。

为了贯彻落实教育规划纲要,满足各高校的高素质应用型人才培养要求,2011 年 7 月,华中科技大学出版社在教育部高等学校机械学科教学指导委员会的指导下,召开了高等院校机械类应用型本科"十二五"创新规划系列教材编写会议。本套教材以"符合人才培养需求,体现教育改革成果,确保教材质量,形式新颖创新"为指导思想,内容上体现思想性、科学性、先进性和实用性,把握行业岗位要求,突出应用型本科院校教育特色。在独立学院、民办普通本科院校教育改革逐步推进的大背景下,本套教材特色鲜明,教材编写参与面广泛,具有代表性,适合独立学院、民办普通本科院校等机械类专业教学的需要。

本套教材邀请有省级以上精品课程建设经验的教学团队引领教材的建设,邀请本专业领域内德高望重的教授张策、张福润、赵敖生等担任学术顾问,邀请国家级教学名师、教育部机械基础学科教学指导委员会副主任委员、华中科技大学机械学院博士生导师吴昌林教授担任总主编,并成立编审委员会对教材质量进行把关。

我们希望本套教材的出版,能有助于培养适应社会发展需要的、素质全面的新型机械工程建设人才,我们也相信本套教材能达到这个目标,从形式到内容都成为精品,真正成为高等院校机械类应用型本科教材中的全国性品牌。

高等院校机械类应用型本科"十二五"创新规划系列教材

编审委员会

2012-5-1

前　　言

本书是根据教育部批准的高等工科学校《机械设计课程教学基本要求》编写的，是"机械设计"及"机械设计基础"课程的配套教学指导书，适用于机械类、近机械类和非机械类各专业的机械设计课程设计。

本书包括三部分内容：第一部分为机械设计课程设计指导，以常见的圆柱齿轮减速器为例，系统地介绍了机械传动装置的设计内容、步骤和方法；第二部分为机械设计课程设计常用标准、规范，包括金属材料、极限与配合、形位公差及表面粗糙度、齿轮传动的精度、常用传动件的结构、滚动轴承、润滑与密封、常用连接件、联轴器、电动机等；第三部分为装配图、零件图的参考图例，选编了多种减速器的典型结构图例，并做了分析，便于学生参照思考。

本书具有以下特点。

1. 针对应用型人才培养目标，以"应用"为目的，以"讲清概念、强化应用"为特点，以圆柱齿轮减速器为例，简明扼要地阐述了减速器设计的全过程。在满足一般机械设计（机械设计基础）课程设计需要的前提下，力争减小篇幅，以便于学生抓住重点。

2. 按课程设计的总体思路和顺序，配合具体的设计实例（实例在本书中以楷体书写），介绍了设计中的各个环节。尤其是针对学生感到有难度的结构设计部分进行了深入浅出的剖析，并列举了课程设计中常见的错误，便于学生对照分析。这对于尚无设计经验的学生来说，无疑会起到有效的指导作用。

3. 全书的插图和参考图例采用了国家标准中规定的简化画法与规定画法。书中所采用的标准为国家和有关行业最新标准。

参加本书编写的有：华南理工大学广州学院李淼林（第 1、2、3、4 章），西北工业大学明德学院李文燕（第 5、6、7 章及部分附录）、李郁（第 8、9、10 章及部分附录）等。本书由李文燕、李淼林、李郁任主编，王胜曼、王晋鹏任副主编。本书承西京学院钟发祥教授细心审阅，提出了很多宝贵意见，编者在此深表谢意。

相信本书能适应新的人才培养模式和教学改革的需要，切实提升应用型本科学生的实践动手能力，提高其综合素质和就业竞争力。书中如有不妥之处，恳请读者批评指正。

编　者

2013 年 5 月

目　　录

第1章 概 论

1.1 课程设计的目的

"机械设计课程设计"是"机械设计"课程重要的综合性与实践性教学环节,是对学生进行的第一次较全面的设计训练,其主要目的如下。

(1) 通过课程设计,巩固、扩展和加深在机械设计课程及有关课程中所学到的知识。

(2) 通过课程设计实践,培养学生综合运用所学知识去分析和解决工程实际问题的能力,进一步学习机械设计的一般方法,掌握机械零件设计的一般步骤。

(3) 通过课程设计,学会运用标准、规范、手册、图册,查阅有关技术资料等,进行全面的机械设计基本技能的训练,培养学生树立正确的设计思想和严谨的设计作风,提高学生设计兴趣,增强创新设计意识。

1.2 课程设计的内容

课程设计一般选择相关课程学习过的、由大部分通用机械零件所组成的机械传动装置或简单机械作为设计课题。目前多采用以齿轮减速器为主的机械传动装置,主要是因为齿轮减速器包括齿轮、蜗轮、蜗杆、轴、轴承、键、联轴器及箱体等零件。通过齿轮减速器的设计,能使学生得到较为全面的机械设计的基本训练。图 1-1 所示为带式运输机采用的机械传动装置,其为 V 带传动和齿轮减速器。

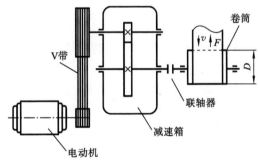

图 1-1 带式运输机的机械传动装置

机械设计课程设计的内容通常包括以下部分。

(1) 根据课程设计任务书确定机械传动装置的总体设计方案。

(2) 选择电动机,计算传动装置的运动和动力参数。

(3) 传动零件(如带传动、齿轮传动等)及轴的设计计算。

(4) 轴承、键、润滑密封和联轴器的选择及计算。

（5）传动零件的结构设计，箱体结构和附件的设计。

（6）绘制装配图和零件图。

（7）编写设计计算说明书。

课程设计一般要求学生完成以下工作（对于不同专业，因培养目标和学时不同，设计内容及分量可能略有区别）。

（1）绘制减速器装配图 1 张（A0 或 A1）。

（2）绘制零件图 2～3 张（齿轮、轴及箱盖等，A3 或 A4）。

（3）编写设计计算说明书 1 份（5 000～7 000 字，18～25 页）。

1.3 课程设计的步骤和进度

机械设计课程设计一般从分析或确定传动方案开始，然后进行必要的计算和结构设计，最后以图样表达设计结果，以设计计算说明书表述设计依据。具体设计过程大致可按以下几个阶段进行。

1. 设计准备

认真研究设计任务书，明确设计要求和工作条件；通过减速器拆装实验，参观实物或模型，观看视频，查阅资料等方式了解设计对象；复习有关课程内容，熟悉有关零部件的设计方法和步骤；准备好设计需要的图书、资料和用具；拟订设计计划等。

2. 传动装置的总体设计

确定传动装置的传动方案；选定电动机的类型、功率和转速；计算传动装置的总传动比并分配各级传动比；计算各轴的功率、转速和转矩。

3. 传动零件的设计计算

计算减速器以外的传动零件（如带传动、链传动等）和减速器内部传动零件（圆柱齿轮传动等）的主要参数和尺寸。

4. 减速器结构设计

选择轴承组合的形式和润滑方式，进行轴系结构设计；选择和设计箱体和附件的结构。

5. 绘制装配图

按设计和制图规范，绘制装配视图，并完成装配图上的其他内容，如标注尺寸与配合，技术特性、技术要求、零件编号、标题栏和明细栏等。

6. 绘制零件图

绘制从装配图中拆出的零件图，如齿轮、轴类等零件或教师指定的其他零件。

7. 编写设计计算说明书

设计计算说明书的内容包括所有的设计计算，并附有必要的简图。

8. 设计总结和答辩

总结课程设计过程中的收获和不足之处，阐述课程设计的指导思想，并回答教师提出的若干问题。

总体进度若为两周，则各阶段的课程设计进度可参考进度表 1-1。

表 1-1　总体进度安排表

序　号	设 计 内 容	完成阶段设计的参考时间
1	布置课程设计任务,设计准备	第一天(周一)
2	传动装置的总体设计	第二天(周二)
3	传动零件的设计计算	第三天(周三)
4	减速器结构设计	第四天至第五天(周四至周五)
5	绘制装配工作图	第六天至第七天(周一至周二)
6	绘制零件工作图	第八天(周三)
7	编写设计计算说明书	第九天(周四)
8	设计总结和答辩	第十天(周五)

1.4　课程设计的注意事项

1. 熟悉设计题目

学生在接到设计任务书和数据后,必须先把任务书和课程设计指导书熟读一遍,以便熟悉自己设计题目的内容和要求,了解传动方案及特点,对总体设计有个大致了解。

2. 独立思考

机械设计课程设计是在教师指导下学生独立完成的。教师指导的作用在于指明设计思路、启发学生独立思考、答疑解难和按设计阶段审查,因此在课程设计中提倡学生独立思考、深入钻研的学习精神。学生应充分发挥课程设计的主动性,按照课程设计的教学要求,认真阅读有关参考资料,仔细分析有关参考图例的结构,创造性地进行设计,而不是处处被动,依赖教师查资料、给数据、定答案。

3. 认真完成

机械设计课程设计是学生第一次较全面的设计训练,在设计过程中,应采用"边画,边算,边修改"的"三边"设计法,对不合理的结构和尺寸需及时加以修改。课程设计是一项复杂细致的工作,学生在课程设计期间应秉承严肃认真、一丝不苟、精益求精的态度,把握好设计进度,按预订计划保质、保量、按时完成任务,不可马马虎虎,更不可产生厌烦情绪。

4. 正确处理已有参考资料与创新的关系

设计中要正确运用设计标准和规范,善于掌握和充分利用各种设计资料,以利于零件的互换性和加工工艺性,同时可节省设计时间。但设计时不能盲目地、机械地抄袭资料和图例,而要具体分析和比较,创造性地进行设计。

5. 正确处理设计计算、结构设计和工艺要求之间的关系

任何机械零件的尺寸都不可能完全由理论计算来确定,而应该综合考虑零件强度、刚度、结构和工艺的要求。在确定零件结构尺寸时应注意以下几个方面。

(1) 设计中采用的标准件(如螺栓、键、滚动轴承等)的尺寸参数必须符合标准规定。

(2) 由几何条件导出的公式,其参数间为严格的等式关系,计算得到的尺寸一般不能随意圆整或变动,结构尺寸应严格与其相等(例如齿轮分度圆、齿顶圆、齿根圆直径等)。

(3) 由强度、刚度、耐磨性等条件导出的公式,其参数间常为不等式关系,计算得到的是零件必须满足的最小尺寸,不一定就是最终所采用的结构尺寸,结构尺寸应大于等于所计算出的尺寸并圆整(如根据轴的扭矩确定的剪切强度条件初步估算轴的直径等)。

(4) 经验公式常用于确定那些外形复杂、强度情况不明等零件的尺寸,这些尺寸关系是近似的,一般应圆整(如箱体的结构尺寸等)。

(5) 一些次要尺寸可以考虑加工、使用等条件,参照类似结构加以确定。零件结构应尽量简单且便于加工,如轴端倒角、轴肩圆角过渡等。

6. 及时检查和整理计算结果

设计初应准备一本演稿纸,用于记录设计过程中的计算结果,以保证机械设计课程设计图样和设计计算说明书的质量。设计图样要求图面整洁,符合制图标准;设计计算说明书要求书写工整、条理清晰,设计参数的选取要合理,并与图样所反映的相应参数一致。

第 2 章　常用减速器的形式和构造简介

2.1　常用减速器的形式和结构特点

2.1.1　减速器概述

减速器是一种独立作用于原动机和工作机之间的闭式传动装置,用来降低转速和增加转矩,以满足各种工作机械的需要。目前,减速器广泛应用于起重、船舶、汽车、冶金、矿山、建筑、化工、轻工、纺织等机械的减速传动。它的类型多样,型号各异,且各有用途。

常用的标准减速器有六种,分别是齿轮减速器,蜗杆减速器,蜗杆-齿轮减速器及齿轮-蜗杆减速器,行星齿轮减速器,摆线针轮减速器,谐波齿轮减速器。

设计减速器时只需结合所需传动功率、转速、传动比、工作条件和机器的总体布置等具体要求,从产品目录或有关手册中选择即可。只有在选不到合适的产品时,才需要自行设计及制造。由于齿轮减速器在机械行业应用较广泛,本节主要介绍齿轮减速器的主要类型、特点及应用。

2.1.2　齿轮减速器

齿轮减速器的特点是传动效率及可靠性高,工作寿命长,维护简便,因而应用范围很广。按齿轮减速器的减速齿轮级数可分为单级、两级、三级和多级减速器,常用的是单级齿轮减速器和双级齿轮减速器。按其轴在空间的布置可分为立式和卧式;按其运动简图的特点可分为展开式、同轴式(或回归式)和分流式等。表 2-1、表 2-2 分别表示了圆柱和锥齿轮减速器的几种主要结构形式和它们的应用特点。

表 2-1　圆柱齿轮减速器

名　称	运 动 简 图	推荐传动比	特点及应用
单级圆柱齿轮减速器		$i=3\sim5$	轮齿可做成直齿、斜齿和人字齿。直齿轮用于速度较低($v\leqslant 8$ m/s)、载荷较小的传动;斜齿轮用于速度较高的传动;人字齿轮用于载荷较大的传动。箱体常用铸铁做成,单件或小批生产有时采用焊接结构。轴承一般采用滚动轴承,重载或超高速时采用滑动轴承

名　称		运 动 简 图	推荐传动比	特点及应用
两级圆柱齿轮减速器	展开式		$i=i_1 i_2$ $i=8\sim40$	结构简单,但齿轮相对于轴承的位置不对称,因此要求轴有较大的刚度。高速级齿轮布置在远离转矩输入端,这样轴在转矩作用下产生的扭转变形和在弯矩作用下产生的弯曲变形可部分抵消,以减缓载荷沿轮齿宽度分布不均匀的现象。用于载荷比较平稳的场合。高速级一般做成斜齿,低速级可做成直齿
	分流式		$i=i_1 i_2$ $i=8\sim40$	结构复杂,一般采用高速级分流。由于齿轮相对于轴承对称布置,与展开式相比,其载荷沿齿宽分布均匀,轴承受载较均匀。中间轴危险截面上的转矩只相当于轴所传递转矩的一半,适用于变载荷的场合。高速级一般采用斜齿,低速级可用直齿或人字齿
	同轴式		$i=i_1 i_2$ $i=8\sim40$	减速器横向尺寸较小,两对齿轮浸入油中深度大致相同。但轴向尺寸和质量较大,中间轴较长,刚度较差,使沿齿宽载荷分布较不均匀,高速轴的承载能力难以充分利用
	同轴分流式		$i=i_1 i_2$ $i=8\sim40$	每对啮合齿轮仅传递全部载荷的一半,输入轴和输出轴只承受扭矩,中间轴只受全部载荷的一半,故与传递同等功率的其他减速器相比,轴颈尺寸可以缩小
三级圆柱齿轮减速器	展开式		$i=i_1 i_2 i_3$ $i=40\sim400$	同两级展开式
	分流式		$i=i_1 i_2 i_3$ $i=40\sim400$	同两级分流式

表 2-2　锥齿轮减速器

名　称	运 动 简 图	推荐传动比	特 点 及 应 用
单级锥齿轮减速器	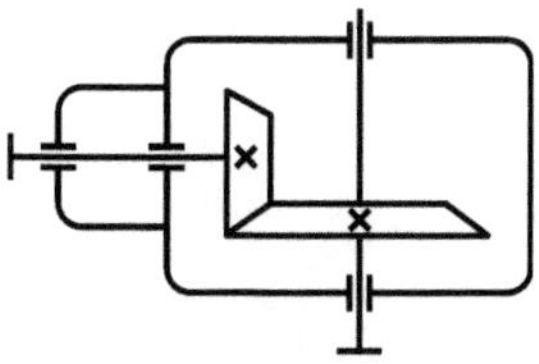	$i=2\sim4$	齿轮可做成直齿、斜齿或曲线齿,用于两轴垂直相交的传动中,也可用于两轴垂直相错的传动中。因制造安装复杂、成本较高,故仅在需要传动布置时才采用
两级锥-圆柱齿轮减速器	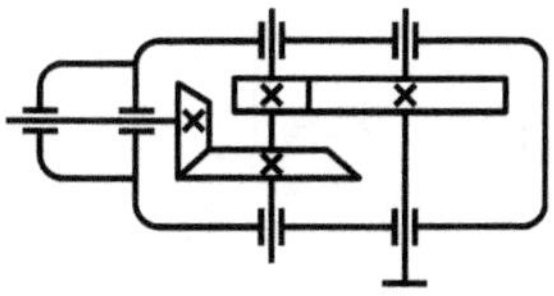	$i=i_1i_2$ 直齿锥齿轮 $i=8\sim15$ 斜齿或曲线齿锥齿轮 $i=8\sim40$	用于输入轴与输出轴垂直相交而传动比较大的传动。锥齿轮应在高速级,以减小锥齿轮的尺寸。轮齿可制成直齿或斜齿,利于加工
三级锥-圆柱齿轮减速器	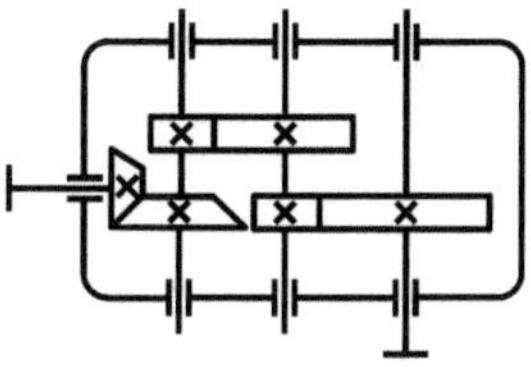	$i=i_1i_2i_3$ $i=25\sim75$	同两级锥-圆柱齿轮减速器

2.2　单级圆柱齿轮减速器的构造简介

减速器主要由传动零件(齿轮或蜗杆等)、轴、轴承、箱体及其附件所组成。图 2-1 所示为单级斜齿圆柱齿轮减速器的结构,图 2-2 所示为减速器的二维视图。现结合图 2-1、图2-2来简要介绍一下减速器的构造。

1. 轴系零部件及润滑密封装置

轴系零部件包括齿轮、轴、轴承等轴上零部件及其定位零件(如轴套、轴承端盖)等。

图 2-2 中的大齿轮为腹板式铸造圆柱齿轮,且在腹板上开孔,以减小齿轮的质量。大齿轮装配在低速轴上,利用普通平键作周向固定。小齿轮与高速轴制成一体,即采用齿轮轴结构。这种结构用于齿轮直径和轴径相差不大的场合。

图 2-2 中的减速器高速轴和低速轴都采用阶梯轴结构,加工和拆卸方便。轴上零件利用轴肩、轴环、套筒和轴承端盖作轴向固定,图中的大齿轮就是靠轴环和套筒作轴向固定的。

减速器中的齿轮传动采用油池浸油润滑,大齿轮的轮齿浸入油池中,通过它的转动,把润滑油带到两齿轮啮合处进行润滑;滚动轴承采用润滑油润滑。

为防止齿轮啮合时的热油直接进入轴承,在轴承与小齿轮之间,位于轴承座孔的箱体内壁处设有挡油环。为防止在轴外伸段与轴承透盖接合处箱内润滑剂泄漏及外界灰尘、异物进入箱体,在轴承透盖中装有密封元件。图中采用接触式唇形密封圈。

轴承端盖用螺钉(Md_3)固连在箱体上,轴承端盖与箱体座孔外端面之间垫有调整垫片组,以调整轴承游隙,保证轴承正常工作。

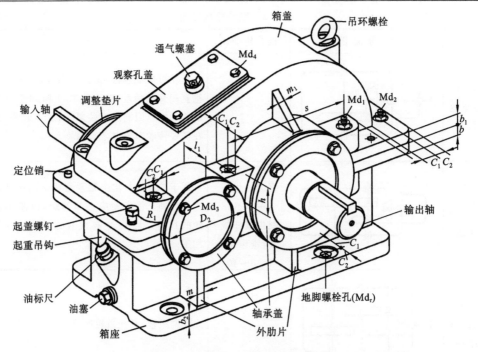

图 2-1 单级圆柱齿轮减速器的结构

2. 箱体

箱体是减速器的重要组成部件。它是传动零件的基座,用来支承和固定轴系零件,承受载荷,保证传动件轴线相互位置的正确性,保证良好的润滑和密封。

根据其毛坯制造方法和箱体剖分与否,减速器箱体可分为:铸造箱体和焊接箱体,剖分式箱体和整体式箱体。

图 2-2 中的箱体由灰铸铁铸造。为了便于轴系部件的安装和拆卸,箱体通常制成沿轴心线的水平剖分式。上箱盖和下箱座用普通螺栓(Md_1,Md_2)连接成一整体,用圆锥销定位。

3. 附件

为了便于检查箱体内齿(蜗)轮的啮合情况,注油、排油、指示油位,以及起吊、运输减速器等,减速器上通常有窥视孔、通气器、油面指示器(油标)、放油螺塞、定位销、启盖螺钉、起吊装置等,这些统称为减速器附件。它们是减速器正常工作所必需的辅助零部件,下面分别介绍这些常见附件的作用。

(1)观察孔及其盖板 为了检查传动零件的啮合情况、接触斑点、侧隙,并向箱体内注入润滑油,应在箱体的上部适当位置设置观察孔。图 2-2 中的观察孔设在上箱顶盖,能够直接观察到齿轮啮合部位的地方。平时,观察孔的盖板用螺钉固定在箱盖上。

(2)通气器 减速器工作时,箱体内温度升高,气体膨胀,压力增大。为使箱内受热膨胀的空气能自由排出,以保证箱体内外压力平衡,不致使润滑油沿分箱面和轴外伸段或其他缝隙渗漏,通常在箱体顶部装设通气器。图 2-2 中的通气器是具有垂直、水平相通气孔的通气螺塞。通气螺塞旋紧在观察孔盖板的螺孔中。

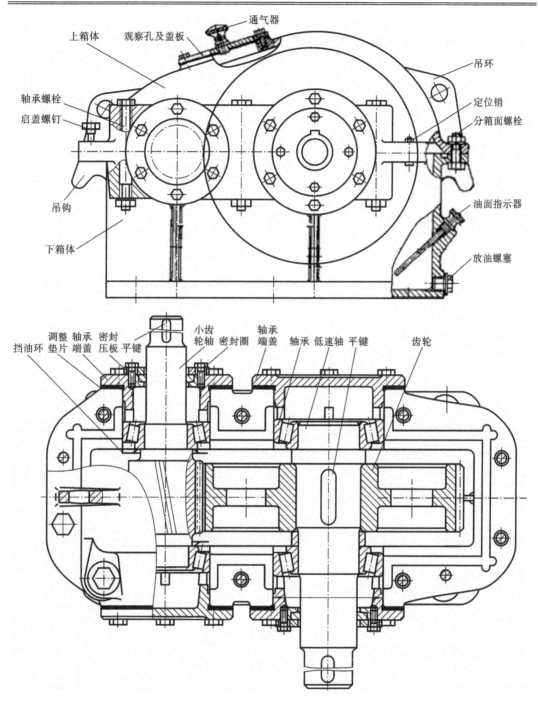

图 2-2　单级圆柱齿轮减速器二维视图

（3）定位销　为了精确加工轴承座孔，并保证每次拆装后轴承座的上下半孔始终保持加工时的位置精度，应在精加工轴承座孔前，在上箱盖和下箱座的连接凸缘上配装定位销。图 2-2 中采用的两个定位圆锥销安置在箱体纵向两侧连接凸缘上，并呈非对称布置，以加强定位效果。

（4）启盖螺钉　为了加强密封效果，通常装配时在箱体剖分面上涂以水玻璃或密封胶，因而在拆卸时往往因胶结紧而使分开困难。为此常在箱盖连接凸缘的适当位置加工出 1～2 个螺孔，旋入启盖用的圆柱端或平端的启盖螺钉，旋动启盖螺钉便可将上箱盖顶起。

（5）油面指示器　为了检查减速器内油池油面的高度，以便经常保证油池内有适当的油量，一般在箱体便于观察和油面较稳定的部位装设油面指示器。图 2-2 中的油面指示器是油标尺。

（6）放油螺塞　换油时，为了排出污油和清洗剂，应在箱体底部、油池的最低位置处开设放油孔。平时放油孔用带有细牙螺纹的螺塞堵住。放油螺塞和箱体接合面间应加防漏用的垫圈。

（7）油杯　滚动轴承采用润滑脂润滑时，应经常补充润滑脂。因此箱盖轴承座上应加油杯，供加注润滑脂用。

（8）起吊装置　为了便于搬运，常需在箱体上设置起吊装置，如在箱体上铸出吊环或吊钩等。在图 2-2 中，上箱盖设有两个吊环，下箱座铸出两个吊钩。

第3章 传动装置的总体设计

传动装置总体设计的目的是:拟订传动方案,选定电动机型号,计算总传动比和合理分配各级传动比,计算传动装置的运动和动力参数,为设计各级传动零件和装配图设计准备并提供条件。传动装置总体设计一般按照以下步骤进行(设计实例见3.6节)。

3.1 拟定传动方案

机器一般由原动机、传动装置和工作机三部分组成。传动装置在原动机与工作机之间,用来传递运动和动力,并能改变运动形式和速度大小、转矩大小。传动装置方案设计是否合理,对整个机器的工作性能、尺寸、质量和成本等影响很大,因此是整个机械设计中的最关键的环节。

合理的传动方案应满足工作可靠、结构简单、尺寸紧凑、加工方便、成本低廉、传动效率高和使用维护便利等要求。但同时满足这些要求往往比较困难,故一般应考虑满足重点要求即可。传动方案一般用运动简图表达,它能简洁地表示运动和动力的传递方式和路线,以及各部件的组成和连接关系。

传动装置一般包括传动(如齿轮传动、蜗杆传动、带传动、链传动等)零件和支承零件(如轴、轴承、机体等)两大部分。当采用多级传动时,合理安排和布置传动顺序尤为关键。传动类型的选择一般可参考以下几个方面。

(1)齿轮传动承载能力大,效率高,尺寸紧凑,寿命长,因此在传动装置中一般首先选用齿轮传动。由于斜齿圆柱齿轮传动的承载能力和平稳性较直齿轮好,故常用在高速级或要求传动平稳的场合。

(2)带传动的承载能力较小,传递相同转矩时结构尺寸较其他传动形式大,但传动平稳,能缓冲吸振,常将其布置在高速级。

(3)链传动具有多边形效应,链速和瞬时传动比时刻在变化,运动不均匀,冲击振动大,不适合高速级,应将其布置在低速级。

(4)大直径大模数锥齿轮加工较困难,故将其布置在高速级,限制其传动比,以减少锥齿轮的直径和模数。

(5)蜗杆传动传动比大,结构紧凑,传动平稳,可实现反向自锁,但承载能力和传动效率较普通齿轮传动低。为了提高传动效率,减小蜗轮的结构尺寸,通常将其布置在高速级。

(6)开式齿轮传动工作环境恶劣,润滑条件较差,磨损较严重,寿命较短,常布置在低速级。

一般课程设计任务书中已经明确给出传动方案,学生则应分析其特点,也可以提出改进方法。

3.2 减速器类型的选择

在了解减速器类型和结构的基础上，根据工作条件要求，选定齿轮传动，进一步确定以下内容。

1. 选定减速器传动级数

传动级数可根据工作转速要求，由传动零件类型、总传动比、空间位置和尺寸要求而定。例如圆柱齿轮传动，为了减小总体结构尺寸和质量，当减速器传动比 $i > 8$ 时，宜采用二级以上的传动形式。

2. 确定传动件布置形式

无特殊要求时，轴线尽量采用水平布置（卧式减速器）。对于单级圆柱齿轮减速器，主要是要根据传递功率的大小，选用斜齿轮或直齿轮。对于二级圆柱齿轮减速器，可根据传递功率的大小和轴线布置要求选用展开式、分流式或同轴式。蜗杆减速器的蜗杆位置可由蜗杆圆周速度大小来决定是上置还是下置。

3. 确定减速器机体结构

如果没有特殊要求，齿轮减速器机体都采用沿齿轮轴线水平剖分式结构，以便装配。蜗杆减速器机体可沿蜗轮轴线剖分，也可以采用整体式结构。

3.3 电动机的选择

电动机是系列化的标准产品，设计时应根据工作机的工作特性、工作环境和工作载荷等条件，选择电动机的类型、结构形式、容量（功率）和转速，并在产品目录中查出其具体型号和尺寸。

3.3.1 选择电动机类型和结构形式

电动机类型和结构形式应根据电源种类（交流或直流），工作条件（温度、环境、空间位置等），载荷大小与性质（变化性质、过载情况等），启动性能和启动、制动、反转的频繁程度，转速高低等条件来选择。

电动机分为交流电动机和直流电动机两种。工业上一般多采用三相交流电源，因此无特殊要求时应选用三相交流电动机，其中三相异步交流电动机应用最为广泛。根据不同防护要求，电动机防护形成可分为开启式、防护式、封闭自扇冷式和防爆式等。电动机的额定电压一般为 380 V。

Y 系列三相笼型异步电动机是一般用途的全封闭自扇冷三相笼型异步电动机，由于其结构简单、效率高、工作可靠、价格低廉、维护方便，因此广泛应用于不易燃、不易爆、无腐蚀性气体和无特殊要求的机械设备上，如金属切削机床、风机、运输机、搅拌机、农业机械、食品机械等。YZ 型（鼠笼转子）和 YZR 型（绕线转子）三相异步电动机用于频繁启动、制动和正反转场合，如冶金设备及起重机械，其特点是转动惯量小，过载能力大。

Y 系列三相异步电动机的结构及技术数据及安装尺寸见附录表 K-1 至表 K-3。

3.3.2　选择电动机的容量(功率)

电动机的容量(功率)的选择直接影响到电动机的正常工作和经济性。功率选得过小,会使电动机因超载而过早损坏,不能保证正常工作;功率选得过大,则电动机的价格高、体积大,能力又不能充分利用,由于电动机经常不能满载运行,其效率和功率因数都较低,增加了电能消耗,从而造成很大浪费。

电动机的容量(功率)主要取决于电动机运行时的发热条件。对于长期连续运转、载荷比较稳定、常温工作的机械,只要所选电动机的额定功率 P_{ed} 等于或稍大于所需的电动机工作功率 P_d,即 $P_{ed} \geqslant P_d$,电动机就不会过热,因此通常不必校验发热和启动转矩;对于间隙工作的机器,P_{ed} 可稍小于 P_d。具体计算步骤如下。

1. 计算工作机所需的有效功率

工作机所需的有效功率,即工作机输出功率,可由工作机的工作阻力和运动参数确定。在课程设计中,根据任务书中给定的运输机参数(F、v、D),工作机所需功率为

$$P_w = \frac{Fv}{1\,000}$$

或

$$P_w = \frac{T_w n_w}{9\,550}$$

$$n_w = \frac{60 \times 1\,000 v}{\pi D}$$

式中:P_w——工作机所需的功率,kW;

　　F——工作机的工作阻力,N;

　　v——工作机的速度,m/s;

　　T_w——工作机传递的转矩,N·m;

　　n_w——工作机的转速,r/min;

　　D——工作机卷筒直径,mm。

2. 计算电动机所需功率

电动机的功率可表示为

$$P_d = \frac{P_w}{\eta_\Sigma}$$

式中:P_w 同前;

　　η_Σ——传动装置的总效率,它等于传动装置的各部分运动副的效率的乘积,即

$$\eta_\Sigma = \eta_1 \eta_2 \eta_3 \cdots \eta_n$$

式(3-5)中的 $\eta_1,\eta_2,\eta_3,\cdots,\eta_n$ 分别为每一传动副(如齿轮、蜗杆、带或链等)、每对轴承、每个联轴器及卷筒的效率。传动副的效率值可在附录表 A-1 中选取。

计算总效率 η_Σ 时应注意以下几个方面。

(1)在资料中查到的效率数值只是一个范围,一般可取中间值,如工作条件差、传动装置的精度低、润滑或维护不良时,应取低值;反之则取高值。

(2)滚动轴承通常在轴上成对使用,故轴承效率均指一对轴承而言。

（3）同类型的几对运动副、轴承或联轴器，要分别考虑其效率，例如，有两对轴承时，其效率应为 $\eta_{轴承}\eta_{轴承}=\eta_{轴承}^2$。

（4）蜗杆传动的效率与蜗杆头数 z_1 有关，应初选头数 z_1，然后估计 $\eta_{蜗杆}$。

3. 确定电动机额定功率 P_{ed}

根据 P_d 值，按照 $P_{ed}\geqslant P_d$ 的要求，从附录表 K-1 中选择相应的电动机型号。

3.3.3　确定电动机的转速

容量相同的三相异步电动机一般有 3 000 r/min、1 500 r/min、1 000 r/min 和 750 r/min 几种同步转速。电动机同步转速越高，磁极对数越少，尺寸越小，价格越低。但是电动机同步转速越高，传动装置的总传动比越大，会使传动装置外部尺寸增加，制造成本提高。而电动机同步转速越低，其优缺点则刚好相反。因此，在确定电动机转速时，应综合考虑，认真分析和对比。通常多选用同步转速为 1 500 r/min 或 1 000 r/min 的电动机，如无特殊要求，一般不选用 3 000 r/min 和 750 r/min 的电动机。为合理设计传动装置，根据主动轴转速和各传动副的合理传动比范围，可估算电动机的转速范围，即

$$n_d=i'_\Sigma n_w=(i'_1 i'_2 i'_3 \cdots i'_n)n_w$$

式中：n_d——电动机可选转速范围，r/min；

i'_Σ——传动装置总传动比的合理范围；

$i'_1,i'_2,i'_3,\cdots,i'_n$——各级传动比的合理范围。

根据选定的电动机类型、结构、容量（功率）及同步转速，即可在电动机产品目录或设计手册中查出其型号、性能参数和主要尺寸。这时应将电动机型号、额定功率 P_{ed}、满载转速 n_m、外形尺寸、中心高、轴身尺寸和键连接尺寸等用表格形式记下备用。

3.4　传动装置总传动比的计算和分配

由选定的电动机满载转速 n_m 和工作机主动轴转速 n_w，可得出传动装置总传动比为

$$i_\Sigma=\frac{n_m}{n_w}$$

在多级传动的传动装置中，其总传动比应为各级传动比 $i_1,i_2,i_3,\cdots,i_n$ 的乘积，即

$$i_\Sigma=i_1 i_2 i_3 \cdots i_n$$

因此，合理分配总传动比，即各级传动比如何取值，这是课程设计中的一个重要问题。它将直接影响传动装置的外廓尺寸、质量大小和润滑条件。

分配传动比时应考虑以下原则。

（1）各级传动比应在推荐值的范围内（见表 2-1），以符合各种传动形式的特点，并使结构紧凑。

（2）应使各级传动件尺寸协调，结构匀称合理。例如，传动装置由普通 V 带传动和齿轮减速器组成时，V 带传动的传动比不宜过大，否则可能会使大带轮半径大于齿轮减速器的中心高，使大带轮与地基相碰（见图 3-1），造成安装不便或尺寸不协调。

（3）应注意使各传动件彼此不发生干涉碰撞。例如，在两级圆柱齿轮减速器中，若高速

级齿轮传动比过大,会使高速级大齿轮顶圆与低速级输出轴相碰(见图 3-2)。

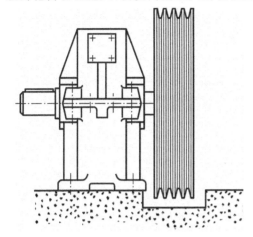

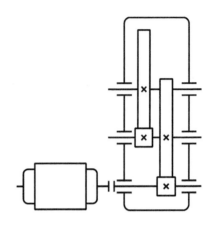

图 3-1　大带轮与地基相碰　　　　图 3-2　高速级大齿轮顶圆与低速级输出轴相碰

(4) 尽量使各级大齿轮浸油深度合理(低速级大齿轮浸油稍深,高速级大齿轮能浸到油),同时希望两大齿轮的直径相近。一般在展开式二级圆柱齿轮减速器中,低速级中心距大于高速级中心距,因此为了使两大齿轮的直径相近,高速级传动比应大于低速级传动比。

(5) 应使传动装置外廓尺寸紧凑,质量小。当总传动比不变时,各级传动比数值应接近,不要相差太大。

根据上述分配原则,下面给出一些分配传动比的参考数据。

① 二级展开式圆柱齿轮减速器　取 $i_1 = (1.3 \sim 1.5) i_2$, i_1, i_2 分别为高速级和低速级的传动比。

② 二级同轴式圆柱齿轮减速器　取 $i_1 = i_2 = \sqrt{i_\Sigma}$, i_Σ 为减速器总传动比。

③ 圆锥-圆柱齿轮减速器　取锥齿轮传动比 $i_1 \approx 0.25 i_\Sigma$,并使 $i_1 \leqslant 3$,以保证大锥齿轮尺寸不致太大,从而便于加工。i_Σ 为减速器总传动比。

④ 蜗杆-齿轮减速器　常取低速级齿轮传动的传动比 $i_2 \approx (0.03 \sim 0.06) i_\Sigma$, i_Σ 为减速器总传动比。

⑤ 带传动和单级齿轮传动的减速器　一般应使带传动的传动比小于齿轮传动的传动比。

根据上述原则分配的各级传动比只是初步选定的数值,实际传动比要由传动零件参数准确计算,例如齿轮传动为齿数之比,带传动为带轮直径之比。所以,工作机的实际转速要在传动件设计计算完成后再进行验算,如结果不在允许误差范围内,应重新调整传动件的参数,甚至要重新分配传动比。一般传动比允许误差范围为 3%～5%。

3.5　传动装置的运动和动力参数计算

为进行传动零件的设计计算,需计算传动装置各轴的转速、功率和转矩。计算时可先将各轴从高速至低速依次定为 1 轴,2 轴,3 轴,…(电动机设为 0 轴),并设

$n_1, n_2, n_3, \cdots$ 分别为各轴的转速,r/min;

$P_1, P_2, P_3, \cdots$ 分别为各轴的输入功率,kW;

$T_1, T_2, T_3, \cdots$ 分别为各轴的输入转矩,N·m;

$\eta_{01}, \eta_{12}, \eta_{23}, \cdots$ 分别为相邻两轴间的传动效率;

$i_{01}, i_{12}, i_{23}, \cdots$ 分别为相邻两轴间的传动比。

当选定电动机型号,即已知电动机实际功率 P_d、满载转速 n_m,已知各级传动比及传动效率后,则可按电动机轴至工作机传递路线顺序逐步计算,得到各轴的转速、功率和转矩。

1. 各轴转速

$$n_0 = n_m$$

$$n_1 = \frac{n_m}{i_{01}}$$

$$n_2 = \frac{n_1}{i_{12}} = \frac{n_m}{i_{01} i_{12}}$$

$$n_3 = \frac{n_2}{i_{23}} = \frac{n_m}{i_{01} i_{12} i_{23}}$$

2. 各轴输入功率

$$P_1 = P_d \eta_{01}$$

$$P_2 = P_1 \eta_{12} = P_d \eta_{01} \eta_{12}$$

$$P_3 = P_2 \eta_{23} = P_d \eta_{01} \eta_{12} \eta_{23}$$

值得注意的是,在专用减速器的设计中,电动机功率应按实际所需功率 P_d 代入上述公式计算,而通用减速器一般按照额定功率 P_{ed} 计算。

3. 各轴输入转矩

$$T_1 = 9\,550 \frac{P_1}{n_1}$$

$$T_2 = 9\,550 \frac{P_2}{n_2}$$

$$T_3 = 9\,550 \frac{P_3}{n_3}$$

3.6 传动装置总体设计示例

例 3-1 图 3-3 所示为带式运输机传动方案,已知:运输带的最大有效拉力 $F = 2\,000$ N,运输带的工作速度 $v = 1.2$ m/s,运输机滚筒直径 $D = 260$ mm;带式运输机在常温下两班制工作,滚筒及运输带总效率 $\eta = 0.94$;运输带单向运转,工作时有轻微冲击;电源为三相交流电,电压为 380 V。

(1) 试选择合适的电动机。

(2) 计算传动装置的总传动比,并分配各级传动比。

(3) 计算传动装置各轴的运动和动力参数。

解 设计步骤如下。

1. 选择电动机

(1) 选择电动机类型 按工作要求和工作条件,可选用 Y 系列三相异步电动机,全封闭

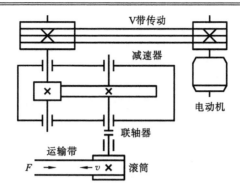

图 3-3　带式运输机传动示意图

自扇冷式结构,电压为 380 V。

（2）选择电动机的容量（功率）　由电动机至工作机的总传动效率为

$$\eta_\Sigma = \eta_带 \, \eta_{齿轮} \, \eta_{轴承}^2 \, \eta_{联轴器} \, \eta_{滚筒}$$

各部分的传动效率查附录表 A-1。普通 V 带传动的效率 $\eta_带 = 0.96$,闭式单级齿轮传动效率 $\eta_{齿轮} = 0.97$（初选 8 级精度）,一对滚动轴承的效率 $\eta_{轴承} = 0.99$（初选球轴承）,滑块联轴器的效率 $\eta_{联轴器} = 0.99$,滚筒及运输带传动效率 $\eta_{滚筒} = 0.94$。

总传动效率为

$$\eta_\Sigma = \eta_带 \, \eta_{齿轮} \, \eta_{轴承}^2 \, \eta_{联轴器} \, \eta_{滚筒} = 0.96 \times 0.97 \times 0.99^2 \times 0.99 \times 0.94 = 0.84$$

电动机所需功率为

$$P_d = \frac{Fv}{1\,000\eta_\Sigma} = \frac{2\,000 \times 1.2}{1\,000 \times 0.84}\ \text{kW} = \frac{2.4}{0.84}\ \text{kW} = 2.86\ \text{kW}$$

根据 $P_{ed} \geqslant P_d$ 的要求,查附录表 K-1,选取电动机额定功率 $P_{ed} = 3$ kW。

（3）确定电动机转速　滚筒轴工作转速为

$$n_w = \frac{60 \times 1\,000 v}{\pi D} = \frac{60 \times 1\,000 \times 1.2}{\pi \times 260}\ \text{r/min} = 88.15\ \text{r/min}$$

查表 2-1,取 V 带传动的传动比 $i_1' = 2 \sim 4$,单级圆柱齿轮减速器传动比 $i' = 3 \sim 5$,则总传动比合理范围为 $i_\Sigma' = i_1' i_2' = 6 \sim 20$,故电动机转速的可选范围为

$$n_d' = i_\Sigma' n_w = (6 \sim 20) \times 88.15\ \text{r/min} = (529 \sim 1\,763)\ \text{r/min}$$

符合这一范围的电动机同步转速有 750 r/min,1 000 r/min 和 1 500 r/min 三种。综合考虑电动机和传动装置的尺寸、质量及价格等因素,为使传动装置结构紧凑,优先选用同步转速为 1 000 r/min 的电动机。根据电动机选型表,可知应选 Y132S-6,其主要性能如表 3-1 所示,其外形和安装尺寸可查附录表 K-2、表 K-3。

表 3-1　Y132S-6 电动机主要性能

电动机型号	额定功率 /kW	同步转速 /(r/min)	满载转速 /(r/min)	额定转矩 /(N·m)	质量 /kg	中心高 /mm
Y132S-6	3	1 000	960	2.0	63	132

2. 分配各级传动比

总传动比为

$$i_\Sigma = \frac{n_m}{n_w} = \frac{960}{88.15} = 10.89$$

由式(3-8),有 $i_\Sigma = i_1 i_2$,i_1 和 i_2 分别表示 V 带传动和单级圆柱齿轮传动减速器的传动比。参考传动比分配的基本原则,初步取 $i_2 = 4$,则 $i_1 = \frac{10.89}{4} = 2.72$(注意:V 带传动的实际传动比由大小带轮的标准直径计算得出)。

3. 计算传动装置各轴的运动和动力参数

(1)各轴转速 有

1 轴:

$$n_1 = \frac{n_m}{i_1} = \frac{960}{2.72} \text{ r/min} = 352.94 \text{ r/min}$$

2 轴:

$$n_2 = \frac{n_1}{i_2} = \frac{352.94}{4} \text{ r/min} = 88.24 \text{ r/min}$$

滚筒轴:

$$n_3 = 88.24 \text{ r/min}$$

(2)各轴输入功率 有

1 轴:

$$P_1 = P_d \eta_{01} = 2.86 \times 0.96 \text{ kW} = 2.75 \text{ kW}$$

2 轴:

$$P_2 = P_1 \eta_{12} = 2.75 \times 0.97 \times 0.99 \text{ kW} = 2.64 \text{ kW}$$

滚筒轴:

$$P_3 = P_2 \eta_{23} = 2.64 \times 0.99 \times 0.99 \text{ kW} = 2.59 \text{ kW}$$

(3)各轴输入转矩 有

电动机轴:

$$T_d = 9\,550 \frac{P_d}{n_m} = 9\,550 \times \frac{2.86}{960} \text{ N·m} = 28.45 \text{ N·m}$$

1 轴:

$$T_1 = 9\,550 \frac{P_1}{n_1} = 9\,550 \times \frac{2.75}{352.94} \text{ N·m} = 74.41 \text{ N·m}$$

2 轴:

$$T_2 = 9\,550 \frac{P_2}{n_2} = 9\,550 \times \frac{2.64}{88.24} \text{ N·m} = 285.72 \text{ N·m}$$

滚筒轴:

$$T_3 = 9\,550 \frac{P_3}{n_3} = 9\,550 \times \frac{2.59}{88.24} \text{ N·m} = 280.31 \text{ N·m}$$

将上述计算结果汇总于表 3-2,以备查用。

表 3-2 计算得出的运动和动力参数值

轴 号	转速 n/(r/min)	输入功率 P/kW	输入转矩 T/(N·m)	传动比 i	传动效率 η
电动机轴	960	2.86	28.45	2.72	—
1 轴	352.94	2.75	74.41		0.96
2 轴	88.24	2.64	285.72	4	0.96
滚筒轴	88.24	2.59	280.31	1	0.98

第4章 传动零件的设计

在对减速器进行结构设计前,首先要对传动零件进行设计计算,这是因为传动零件尺寸是决定减速器装配结构和相关零件尺寸的主要依据;其次,还需通过初算,确定各阶梯轴的轴端直径,以选择联轴器的型号。设计任务书中所给的工作条件和计算得出的传动装置运动参数、动力参数将作为传动零件和轴设计计算的原始数据。

传动零件的设计计算包括减速器箱外传动零件的设计计算和减速器箱内传动零件的设计计算。一般情况下,首先对箱外传动零件进行设计计算,以便使减速器设计的原始条件比较正确。在设计计算完箱内传动零件后,还有可能修改箱外传动零件的尺寸,使传动装置的设计更为合理。关于传动零件的设计,在"机械设计""机械设计基础"等课程中都已详细叙述,设计时可按照这些课程所讲述的方法进行计算。下面就传动零件设计计算的要求、需要注意的问题作简单的说明。

传动零件的设计计算包括确定传动零件的材料及其热处理方式,基本参数、尺寸和主要结构,为轴系结构的设计做好准备。传动零件详细的结构尺寸和技术要求(如齿轮的轮毂、轮辐、圆角、斜度等尺寸)应结合轴系结构设计或零件图设计来确定;传动零件多为盘形,轮缘部分由强度设计确定;轮毂尺寸由支承轴确定;其余尺寸参考典型结构设计。

4.1 减速器外传动零件的设计

减速器外部传动常用 V 带传动、滚子链传动和开式齿轮传动。

4.1.1 V 带传动

(1)设计 V 带传动时,需确定:带的型号、长度和根数,带轮的直径、宽度、材料及结构尺寸,传动中心距及作用在轴上的压轴力(大小和方向)。还需选择带轮的结构形式和外形尺寸,以便为轴的结构设计提供依据。

(2)带轮的结构形式和尺寸参考附录表 E-1 选择;轮缘外径和宽度及轮毂宽度可按附表 E-2 计算;而轮毂的直径须在轴的结构设计阶段最终确定(见 6.3.3 节第 2 条)。

(3)V 带传动设计时,应注意检查带轮的结构尺寸与其相关零部件尺寸是否协调。如小带轮孔径是否与电动机轴一致,小带轮顶圆半径是否小于电动机中心高(如图 4-1 中带轮的 d_a 和 B 均过大,带轮半径过大而与机座相碰(见图 3-1)等)。

(4)带轮直径确定后,应验算实际传动比和大带轮的转速,并以此修正减速器的传动比和输入转矩。

根据例 3-1 所得数据,参考"机械设计"课程讲述的 V 带传动的设计步骤,得出 V 带传动计算结果如下。

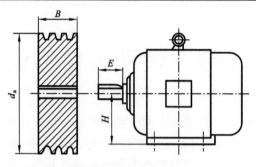

图 4-1　带轮的 d_a 和 B

A 型 V 带,4 根,中心距 $a=494$ mm,$d_{d1}=100$ mm,$d_{d2}=280$ mm,$i_1=\dfrac{d_{d2}}{d_{d1}}=\dfrac{280}{100}=2.8$,大带轮外径 $d_{a1}=285.5$ mm,轮缘宽 $B=65$ mm。轮毂宽度待设计轴时确定。小带轮的半径小于电动机中心高,可用。

确定带传动传动比后,齿轮传动的传动比修正为 $i_2=\dfrac{10.89}{2.8}=3.89$,前面计算的运动和动力参数值相应也要稍做修正(公式和步骤同前,不再详述)。

4.1.2　链传动

滚子链传动应确定链的型号,节距,链节数,链轮的齿数、直径及结构尺寸,传动中心距及压轴力。应尽量取较小的链节距,以减少链传动运动不平稳带来的冲击,必要时可采用双排链。大小链轮的齿数最好取奇数或不能整除链节的数;为避免使用过渡链节,链节数最好取偶数。

4.1.3　开式齿轮传动

(1)开式齿轮传动一般用于低速级和润滑条件较差的场合。

(2)设计时应确定齿轮的材料、齿数、模数、分度圆直径、齿顶圆直径、齿宽、轮毂宽度及受力等。

(3)开式齿轮大多采用直齿齿轮,轮齿磨损为主要失效形式。

(4)开式齿轮的支承刚度较小,故齿宽系数应取小些,以减少轮齿的载荷集中。

(5)尺寸参数确定后,应检查其外廓尺寸与工作机是否协调,计算实际传动比,并修正减速器传动比。

4.1.4　联轴器类型的选择

选择联轴器包括选择联轴器的类型和型号。联轴器的类型有很多,应根据实际工作要求来选择。

(1)选用电动机轴与减速器高速轴之间连接用的联轴器　由于轴转速较高,为减小启动载荷,缓和冲击,应选有弹性元件的挠性联轴器,如弹性套柱销联轴器、弹性柱销联轴器等。

(2)选用减速器输出轴与工作机之间连接用的联轴器　因轴转速较低,传递转矩较大,且减速器与工作机不在同一机座上,要求有较大的轴线偏移补偿,故选用承载能力较高的无弹性元件的挠性联轴器,如滑块联轴器等。若工作机有冲击振动,为避免影响减速器内传动零件的正常工作,则也可选有弹性元件的挠性联轴器。

(3) 联轴器的型号建议在轴系设计完之后再做选择 可按计算转矩、轴的转速和轴径来选择。要求所选联轴器的许用转矩应大于计算转矩,许用转速也应大于传动轴的工作转速,还应注意联轴器毂孔直径范围是否与所连接两轴的直径大小相适应。如不适应,则应重新选择联轴器型号或改变轴径。

4.2 减速器内传动零件的设计

减速器外传动零件设计完成后,应对运动和动力参数进行验算,再进行减速器内传动零件的设计。减速器内传动零件一般是指齿轮传动,包括圆柱齿轮、锥齿轮、蜗杆、蜗轮等,下面就齿轮传动的设计步骤、内容及设计中需注意的问题作简单提示。

1. 选择齿轮的材料和热处理方式

同一减速器中各级小齿轮(或大齿轮)的材料应尽量一致,以减少材料牌号和简化工艺要求。若传递功率大,且要求尺寸紧凑,可选用合金钢或合金铸钢,常选用 40Gr 钢表面淬火或渗碳淬火。若功率不是很大,对于结构尺寸没有特别要求时,通常选碳钢或铸钢,最常用的是 45 钢采用正火或调质热处理方式。如果小齿轮的齿根圆直径与轴颈相近,齿轮与轴可制成整体式齿轮轴(参见 6.3.3 第 1、2 条)。此时小齿轮的选材还应兼顾轴的要求。

2. 齿轮传动工作能力(强度)计算,确定齿轮的主要参数

(1) 要正确处理设计计算的尺寸数据,按实际情况进行标准化、圆整或求出精确数值。传动件的尺寸,按处理方法不同可分为以下几类。

① 具有严格几何关系的啮合尺寸 如分度圆直径、齿顶圆直径、齿根圆直径等。为保证计算后制造的精度,这类尺寸应精确到小数点后 3 位,角度应精确到秒,不能随意圆整。

② 需标准化的参数 如模数 m。

③ 需要圆整的参数 如齿宽 b 应圆整成整数,中心距 a 尽量取 5 的倍数,至少也应圆整成整数;一对啮合的圆柱齿轮传动,考虑到装配时两齿轮可能产生的轴向位置误差,常取大齿轮齿宽 $b_2=b$,而小齿轮齿宽 $b_1=b_2+(5\sim10)$ mm,以便装配。锥齿轮传动,因为齿宽方向的模数不同,为使两齿轮正确啮合,大小齿轮的齿宽应相等;齿轮各部分结构尺寸应尽量圆整,以便于制造和测量。

(2) 完成了齿轮的几何参数设计后,还需进行齿轮的结构设计。附录表 E-3 中给出了圆柱齿轮的 4 种典型结构形式:实心式、腹板式、孔板式和轮辐式,以及它们的选用条件。选好齿轮的结构类型后,可参照附录中或教材中给定的经验公式计算齿轮的其他结构尺寸,而轮毂直径必须等减速器轴系结构设计时确定(详见 6.3.2 中第 4 条第 1)项)。

(3) 齿轮作用力的计算 根据每对啮合齿轮的主动轮所传递的转矩和分度圆直径等尺寸参数,参照机械设计教材中的计算公式,计算出每对啮合齿轮的圆周力、径向力和轴向力(仅斜齿圆柱齿轮有),为装配草图设计时校核轴和滚动轴承做好准备。

在实例中,根据齿轮传动传动比,再参考《机械设计》教材中介绍的齿轮传动的设计步骤,得出齿轮传动的计算结果如下:

精度 8(据附录表 D-1 得到),中心距 $a=145$ mm,斜齿轮螺旋角 $\beta=15.090°$,$d_1=59.55$ mm,$d_2=230.45$ mm,实际 $i=3.87$,齿轮宽 $B_1=60$ mm,$B_2=66$ mm。

第 5 章　减速器的润滑和轴承组合的设计

在减速器中，除高速重载、大型传动及有振动的情况外，绝大多数的中、小型减速器均采用滚动轴承做支承。减速器工作的可靠与否，很大程度上取决于轴承组合的设计是否合理，轴承的安装与维护是否正确。滚动轴承的类型及其组合形式对减速器轴系结构形式起着关键性的作用，它的确定也是减速器设计中的难点之一。因此，有必要在进行减速器的结构设计前专门讨论该问题。另外，减速器的润滑与轴承组合的关系密切，本章也讨论减速器的润滑问题。

5.1　减速器的润滑

减速器的传动零件和轴承必须有良好的润滑，以降低摩擦，减少磨损和发热，提高传动效率。

1. 齿轮的润滑

1）润滑方式

（1）油池浸油润滑　在减速器中，齿轮的润滑方式根据齿轮的圆周速度 v 而定。当 $v \leqslant 12$ m/s 时，多采用油池浸油润滑，齿轮浸入油池一定深度，齿轮运转时就会把油带到啮合区，同时也甩到箱壁上，借以散热（见图 5-1）。

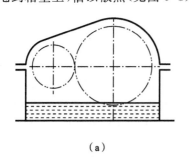
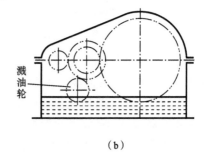

（a）　　　　　　　　　　　　　　　（b）

图 5-1　浸油润滑

（2）压力喷油润滑　压力喷油润滑是指用油泵将润滑油直接喷到啮合区进行润滑（见图 5-2）。当齿轮圆周速度 $v \geqslant 12$ m/s 时，就要采用压力喷油润滑。这是因为：当圆周速度过高时，齿轮上的油大多被甩出去，到不了啮合区；速度高时齿轮搅油，不仅使油温升高，降低润滑油的性能，还会搅起箱底的杂质，加速齿轮的磨损。

2）润滑油的选择

齿轮传动中的润滑油，应根据传动的工作条件、圆

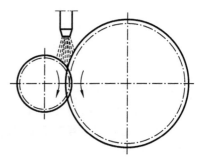

图 5-2　喷油润滑

周速度或润滑速度、温度等条件来选择。具体可根据附录表 G-1 推荐的黏度,按表 G-2 选择符合条件的润滑油牌号。

2. 滚动轴承的润滑

1）润滑方式

减速器中的滚动轴承可采用润滑油或润滑脂进行润滑。

（1）润滑油润滑　润滑油润滑有以下两种方式。

① 飞溅润滑　齿轮减速器中当浸油齿轮的圆周速度 $v > (2 \sim 3)$ m/s（或轴承内径和转速的乘积 $dn > 5 \times 10^5$ mm）时,即可利用随齿轮飞溅起的润滑油润滑轴承。飞溅的油,一部分直接溅入轴承,一部分先溅到箱壁上,然后再顺着箱盖的内壁流入箱座的导油槽中,经轴承端盖上的缺口进入轴承（见图 5-3）。若采用飞溅润滑,需在箱盖、箱座、轴承端盖上均设计输油沟（输油沟的结构及其尺寸参见图 6-40）,使箱壁上的油通过油沟进入轴承,起到润滑的作用。

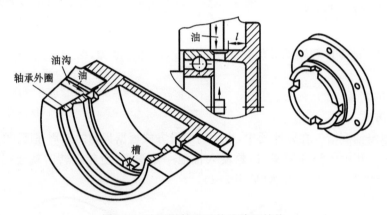

图 5-3　油润滑轴承时的油路及结构

② 油雾润滑　当浸油齿轮的圆周速度更高,达到 $v > (3 \sim 4)$ m/s（或轴承内径和转速的乘积 $dn > 6 \times 10^5$ mm）时,可由油雾发生器产生油雾,润滑轴承。此时可不设置油沟。

（2）润滑脂润滑　齿轮圆周速度 $v < 2$ m/s（或轴承内径和转速的乘积 $dn < 5 \times 10^5$ mm 时）的齿轮减速器轴承,常采用润滑脂润滑。采用润滑脂润滑时,通常在装配时将润滑脂填入轴承座内,每工作 $3 \sim 6$ 个月需补充一次润滑脂;每过一年,需拆开清洗更换润滑脂。

为防止箱内油进入轴承,使润滑脂稀释流出或变质,应在轴承内侧用挡油盘封油（见图 6-4）。填入轴承座内的润滑脂量一般为:对于低速（300 r/min 以下）及中速（$300 \sim 1\ 500$ r/min）轴承,不超过轴承座空间的 2/3;对于高速（$1\ 500 \sim 3\ 000$ r/min）轴承,则不超过轴承座空间的 1/3。

2）润滑剂的选择

当齿轮和轴承同为油润滑时,应采用同一牌号的润滑油,优先满足齿轮传动的要求并适当兼顾轴的要求。若轴承采用润滑脂进行润滑,则可根据工作条件,按附录表 G-3 选择润滑脂的牌号。

5.2　滚动轴承的选择

滚动轴承的选择包括轴承类型、型号(尺寸)、精度的选择。

选择滚动轴承类型时,应考虑轴上载荷的方向、大小及安装调整要求等。减速器中常用的滚动轴承(见图 5-4)的类型、特点及适用条件见表 5-1。

表 5-1　减速器中常用滚动轴承的类型、特点及适用条件

名　称	代　号	能承受负荷的方向	特点及适用条件
深沟球轴承	60000	主要承受径向负荷,也能承受一定的单向或双向轴向负荷	摩擦阻力小,极限转速高;结构简单,使用方便,应用最广泛。承受冲击负荷的能力及对轴的挠曲变形的适应能力较差; 适用于主要承受径向负荷和刚度较大的轴上,在外壳孔和轴相对倾斜 $8'\sim16'$ 时可正常工作,但将影响使用寿命
圆锥滚子轴承	N0000	承受径向负荷	承载能力比相同尺寸的球轴承大 70%,且承受冲击负荷的能力高。内、外圈可分离,同时内、外圈在轴向可相对移动。对轴的偏斜很敏感,对轴的挠曲变形的适应性很低。允许内、外圈轴线倾斜 $2'\sim4'$
角接触球轴承	7000C $\alpha=15°$ 7000AC $\alpha=25°$ 7000B $\alpha=40°$	可以同时承受径向负荷和轴向负荷,也可承受纯轴向负荷	能承受径向负荷及单向的轴向负荷; 7000C 型用于 F_r,即 $F_r>F_a$,其余两种用于 $F_r<F_a$ 时; 通常用于转速较高、刚度较高,并同时承受径向和轴向负荷的轴上。通常成对使用,对称安装
圆锥滚子轴承	30000 $\alpha=11°\sim16°$ 其他接触角	可以承受径向负荷和较大的单向轴向负荷,也可以承受纯轴向负荷	能承受很大的径向及单向轴向负荷。30000 型用于 $F_r>F_a$,其他型用于 $F_r<F_a$ 时。内、外圈可分开,内部游隙可调,安装方便,应用广泛。但摩擦阻力大,允许极限转速较低;对安装误差或轴变形引起的偏斜非常敏感,允许偏斜角为 $2'$
推力球轴承	50000	承受单向的轴向负荷	有紧圈(与轴配合)与活圈(安装在轴承孔内,与轴有间隙),允许的极限转速很低,用于承受单向轴向负荷

同一机器中所采用的轴承型号越少越好,这样可以减少轴承备件。

5.2.1　轴承尺寸的选择

轴承的类型确定后,一般按下面的步骤选择尺寸(型号)。

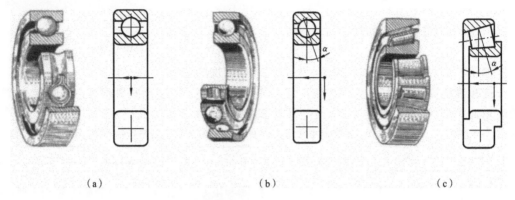

（a）　　　　　　　　　　　　（b）　　　　　　　　　　　　（c）

图 5-4　圆柱齿轮减速器中常用的滚动轴承

（a）深沟球轴承（60000 型）　（b）角接触球轴承（70000 型）　（c）圆锥滚子轴承（30000 型）

（1）根据轴的结构设计时拟定的轴颈尺寸初步确定轴承内径，同时选择中等系列（如2、3 系列）的尺寸系列代号，初定轴承型号。

（2）根据教材中的寿命计算方法，验算轴承寿命或承载能力是否满足要求。如果不够但相差不大时，可以改选其他宽度系列或直径系列，不需改选轴承类型及内径；若是相差较大，也尽量不修改内径，而是改选承载能力较大的轴承类型（如将角接触球轴承改为圆锥滚子轴承），还可取减速器的检修期为轴承寿命，在机器的大修期时更换轴承。

（3）同一根轴两端的轴承一般选择同一型号的轴承，以便减少箱体和轴的加工成本。

5.2.2　轴承精度的选择

轴承按基本尺寸和旋转精度，分为 0、6、6x、5、4、2 几个等级。普通减速器中一般采用 0 级精度即可满足要求，该精度等级在轴承代号中省略标注。

减速器中常见的滚动轴承的类型、尺寸、安装条件及负载能力见附录表 F-1 至表 F-4。

5.3　滚动轴承的组合设计

滚动轴承的组合设计包括轴承轴系的固定、轴承组合结构的调整、轴承的配合、润滑和密封等。

5.3.1　轴承的轴向固定和调整

轴向固定的目的是防止工作时轴承发生轴向窜动，保证轴上零件有确定的工作位置。

1. 轴承组件的固定方式

减速器中常见的固定方式有以下两种。

1）两端各单向固定

如图 5-5 所示，这种轴承配置常用两个反向安装的角接触球轴承或圆锥滚子轴承，两个轴承各限制一个方向的轴向移动。深沟球轴承也可采用这种配置方式。此种结构常用端盖固定轴承外圈，结构简单，使用方便。在一般齿轮减速器中用得最多。

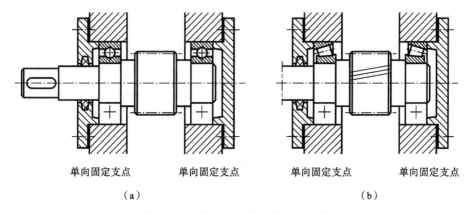

单向固定支点　　　单向固定支点　　　　单向固定支点　　　　单向固定支点

（a）　　　　　　　　　　　　　　　　（b）

图 5-5　两端各单向固定的支承方式

（a）采用深沟球轴承　（b）采用角接触球轴承

2）一端双向固定，一端游动

此种轴系可允许轴系有较大的热伸长。其结构比较复杂，多用于轴承支承跨距较大、温升较高的轴系中。详见《机械设计》或手册。

2. 轴承内、外圈的定位方式

减速器中常见的轴承内、外圈固定方式有如下几种。

1）内圈的定位

（1）轴肩　轴承内圈靠过盈配合紧固在轴上，内圈的一侧与轴肩接触，另一侧则不固定（见图 5-6(a)）或用图 5-6(b)、图 5-6(c) 和图 5-6(d) 所示的其他零件固定。广泛应用于两端各单向固定的场合下。

（2）轴用弹性挡圈　如图 5-6(b) 所示，用于轴向载荷不大且转速不高的场合，弹性挡圈嵌入轴上的环形槽中，槽和挡圈的尺寸可按轴颈大小查附录表 H-19 选取。

（3）螺钉紧固轴端挡圈　如图 5-6(c) 所示，挡圈用螺钉及圆柱销固定在轴端。可用于承受双向的中等轴向力，其尺寸可查附录表 H-17 和表 H-6。

（4）轴套　在位置已经固定的其他零件（如齿轮、联轴器等）和轴承内圈之间加一轴套即可将内圈单方向固定。结构简单，使用方便，在减速器中广泛采用，如表 5-4、表 5-5 中各图。

（5）锁紧螺母　锁紧螺母与止动垫圈配合使用时，不但能固定轴承，还能起到调整轴承轴向位置的作用（见图 5-6(d)）。但螺纹结构会引起应力集中，不利于提高轴的强度，因此采用该结构时注意避开强度薄弱处，常用于轴端。锁紧螺母的标准规格可查附录表 H-16

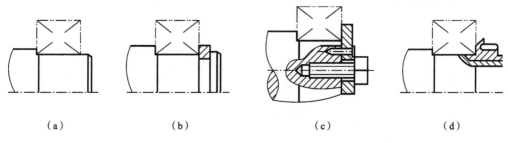

（a）　　　　　　　　（b）　　　　　　　　（c）　　　　　　　　（d）

图 5-6　轴承内圈的定位方式

和表 H-21。

2）外圈的定位

（1）利用轴承盖,固定轴承外圈的一侧。广泛用于各种减速器中。轴承端盖有以下两种。

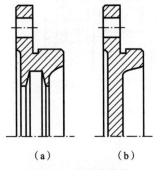

图 5-7 凸缘式端盖

(a) 透盖 (b) 闷盖

① 凸缘式端盖用螺钉拧在箱体上（如图 5-5 中的端盖）,它们的结合面之间设有垫圈,用来调整轴承的轴向游隙及加强密封。凸缘式端盖的结构如图 5-7 所示。

② 嵌入式端盖不用螺钉连接,结构简单,安装方便（见图 5-8）。它依靠外圆上凸出的环嵌入到轴承座孔上的槽中,装配后减速器外形平整美观,但是轴承的调整不太方便,密封性能也较差。具体的调整方法见本节"轴向间隙的调整"。

无论是凸缘式还是嵌入式端盖,都分为透盖和闷盖。用于轴伸出端的端盖,其中间有孔,称为透盖（见图 5-7(a)）,没有该孔的称为闷盖（见图 5-7(b)、图 5-8 各端盖）。

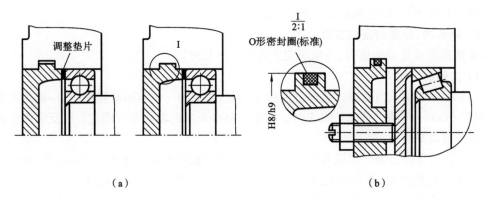

图 5-8 嵌入式端盖

（2）利用箱体孔上的凸缘,固定外圈的一侧。可承受较大的轴向力,但箱体孔不能做成通孔,制造不方便（见图 5-9）。

（3）利用孔用弹性挡圈,结构简单,用于轴向力不大的场合（见图 5-9(a)）。附录表 H-18 列出了孔用弹性挡圈的常用规格。

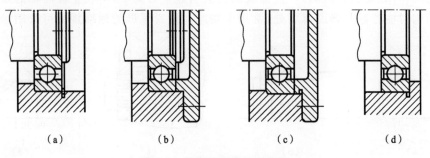

图 5-9 轴承外圈的轴向定位

3. 轴向间隙的调整

在两端单向固定的配置方式中，为保证轴承的灵活运转及补偿轴系热伸长，轴承两端应留有适量的轴向间隙（即游隙），此间隙过小时不能补偿轴系的热伸长，轴承发热磨损甚至卡死；间隙过大则致使滚动体受载不匀并引起轴向窜动，产生振动。这两种情况都会影响传动零件的正常工作，缩短轴承的寿命。因而要靠调整的方式来保证合适的间隙。

在减速器中，通常是用轴承盖来确定轴及轴承的轴向位置。对于可调间隙的向心推力轴承（如圆锥滚子轴承、角接触球轴承等），它们的游隙一般较小，可采用在装配时调整好轴承内、外圈相对位置的方法，得到需要的轴承游隙。常用轴承轴向游隙的合理选择可参考表5-2 和表 5-3。

表 5-2　向心角接触球轴承和推力轴承的轴向游隙

轴承内径 d/mm	角接触球轴承允许轴向游隙范围/μm						两端单向固定,两轴承间允许的距离（大概值）
	接触角 α＝15°				α＝25°及 40°		
	一端固定,一端游动		两端单向固定		一端固定,一端游动		
	最小	最大	最小	最大	最小	最大	
～30	20	40	30	50	10	20	8d
＞30～50	30	50	40	70	15	30	7d
＞50～80	40	70	50	100	20	40	6d
＞80～120	50	100	60	150	30	50	5d
＞120～180	80	150	100	200	40	70	4d
＞180～260	120	200	150	250	50	100	(2～3)d

表 5-3　圆锥滚子轴承的轴向游隙

轴承内径 d/mm	圆锥滚子轴承允许轴向游隙范围/μm						两端单向固定,两轴承间允许的距离（大概值）
	接触角 α＝10～16°				α＝25°～29°		
	一端固定,一端游动		两端单向固定		一端固定,一端游动		
	最小	最大	最小	最大	最小	最大	
～30	20	40	40	70			14d
＞30～50	40	70	50	100	20	40	12d
＞50～80	50	100	80	150	30	50	11d
＞80～120	80	150	120	200	40	70	10d
＞120～180	120	200	200	300	50	100	9d
＞180～260	160	250	250	350	80	150	6.5d

不可调间隙的轴承（如深沟球轴承），应在轴的一侧端盖与轴承外圈端面间预留适量的间隙 Δ（当支承间距小于 350 mm 时，可取 $\Delta=0.2\sim0.3$ mm），以容许轴系的热伸长（见图5-10）。间隙应留在受力的较小一端，以便于轴承受热后的移动。绘制装配图时，此间隙可不画出，而是在装配图中的技术要求中注明。

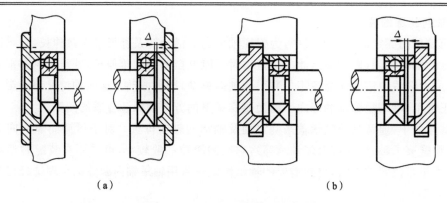

（a）　　　　　　　　　　（b）

图 5-10　轴系的一端预留轴向间隙

　　无论是可调间隙或不可调间隙的轴承轴系，在采用凸缘式端盖的结构中，一般是在轴承端盖与箱体内壁之间设置薄紫铜垫圈，通过增减垫圈的方法，就能达到改变轴承游隙的目的（见图 5-11(a)）。紫铜调整垫圈可做成两个半环形，以便于在不拆下端盖的情况下增减垫片以改变其总厚度，方便调整。

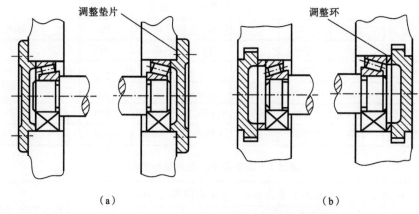

（a）　　　　　　　　　　（b）

图 5-11　轴承外圈的轴向固定及轴承游隙的调整

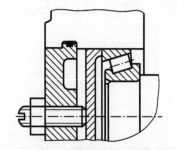

图 5-12　嵌入式端盖的轴承游隙的调整

　　嵌入式端盖的轴向间隙调整则通过改变图 5-11(b)所示的调整环的厚度来实现。这种结构在调整时必须打开箱盖，操作不便。如果改成图 5-12 所示的螺纹结构来调整，则操作较为简便。转动调整螺钉即可增大或减小轴承的轴向游隙。为了得到精确的数值，应采用细牙螺纹，调整好后应采取防松措施。

5.3.2　轴承组件的密封

　　减速器中需要密封的部位一般是轴伸出处及箱体结合面、轴承盖、检查孔、排油孔结合面等处。本节主要叙述轴伸出处和轴承盖处的常见密封方式。

1. 轴伸出处的密封

1）毡圈式密封

毡圈式密封是将矩形截面的毛毡圈嵌入端盖上的梯形槽中（见图 5-13（a）），或利用压板和端盖上的槽将毛毡压在轴上（见图 5-13（b）），对轴产生压紧作用，从而防止润滑油漏出、外界杂质和灰尘等浸入轴承室内。

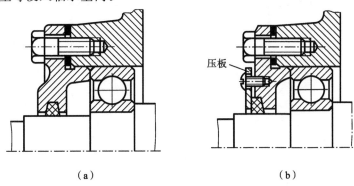

（a）　　　　　　　　　　　　（b）

图 5-13　毡圈式密封

毡圈式密封结构简单、价格便宜，但对轴颈接触面的摩擦较严重，主要用于脂润滑。

附录表 G-4 所列为毡圈式密封圈的尺寸规格和密封槽的结构。

2）O 形橡胶圈密封

O 形橡胶圈密封的截面为圆形（见图 5-14），其密封原理和特点与毡圈式相似，只不过端盖上的槽是矩形截面而已。

O 形橡胶圈密封的效果优于毡圈或密封的效果，适用于密封处轴颈的圆周速度较低（一般不超过 5 m/s）时的油润滑场合，如表 5-4 中第三图左端。

O 形密封圈的尺寸规格和密封槽的结构可查附录表 G-7。

3）皮碗式密封

如图 5-15 所示，皮碗式密封圈上的唇形部分具有弹性，工作时靠一个弹簧圈将唇部扣紧在轴上，起到密封的作用。轴承端盖上安装密封圈的内腔处小孔是用来拆卸密封圈的。附录表 G-6 给出了常用的内包骨架唇形密封圈的结构形状和安装尺寸。

这类密封圈两侧的密封效果不同。如果主要是为了封油，密封唇的开口应对着轴承（如表 5-4 中两个图的左端所示）；如果主要是用来防止外物侵入，则开口应背向轴承（如图 5-15 所示）；若要同时具备防漏和防尘能力，最好采用两个背对背安装的密封圈。

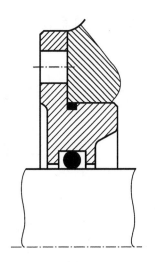

图 5-14　O 形橡胶圈密封

皮碗式密封工作可靠，密封性能好，便于安装和更新，可用于油润滑和脂润滑，对精车的轴颈，所适用的圆周速度 $v \leqslant 10$ m/s；对磨光的轴颈，则 $v \leqslant 15$ m/s。

图 5-13（b）和图 5-15（b）所示为用压板压在密封圈上的结构，其优点是便于调整径向力和更换密封圈。

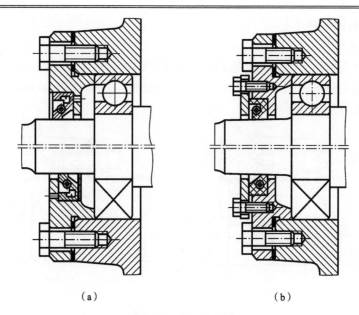

（a）

（b）

图 5-15 皮碗式密封

2. 轴承端盖处的密封

若轴承采用油润滑,应该在轴承座孔与端盖之间增加密封装置。

轴承端盖与轴承座孔之间常用 O 形密封圈密封,如图 5-16 所示,以及图 5-14 中凸缘式端盖上使用的密封圈。密封圈的尺寸系列和密封槽的结构尺寸见附录表 G-7。

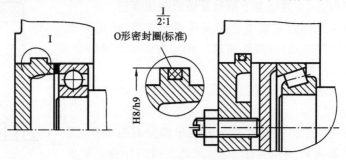

图 5-16 轴与端盖之间的密封

凸缘式端盖与箱体结合面之间的垫圈也可起到密封作用,但其密封效果不如采用 O 形密封圈。

5.3.3 滚动轴承的配合

滚动轴承的配合是指滚动轴承内圈与轴的配合及滚动轴承外圈与孔的配合。轴承内圈与轴的配合采用基孔制,轴承外圈与座孔的配合采用基轴制。

选择配合时,应考虑载荷的方向、大小和性质,以及轴承类型、转速和使用条件等因素。当载荷方向不变时,转动圈应比固定圈的配合紧一些。一般情况下是内圈随轴一起转动,外圈固定,故内圈与轴常取具有过盈的过渡配合,如轴的公差采用 k6、m6;外圈与座孔常取较松的过渡配合,如座孔公差采用 H7、J7、Js7。当轴承作游动支承时,外圈与座孔应取保证有间隙的配合,如座孔公差采用 G7。附录表 F-5 和表 F-6 列出了减速器常用滚动轴承的配合形式。

应当注意的是,滚动轴承内圈与外圈的尺寸公差带均采用上偏差为零、下偏差为负值的分布,所以在采用同样的配合符号时,滚动轴承所形成的配合比一般基孔制的基准孔所形成的配合更紧。

5.4　减速器中常见的滚动轴承组合设计图例

5.4.1　直齿圆柱齿轮传动中常见的滚动轴承组合

直齿圆柱齿轮传动中轴的工作特点是没有经常作用的轴向力,但运转中可能会偶尔传入轴向冲击,或者由于齿轮的制造误差而产生不大的轴向分力。故应选用以承担径向力为主的向心轴承,其中深沟球轴承最为常用。直齿圆柱齿轮传动中常见的滚动轴承装置见表5-4。

表 5-4　直齿圆柱齿轮的滚动轴承组合结构

结 构 形 式	特点与应用
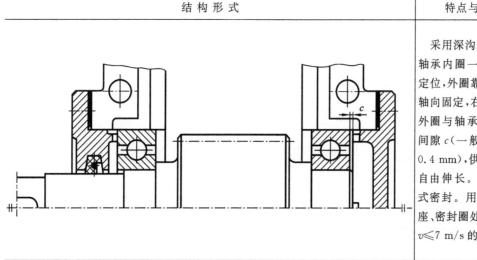	采用深沟球轴承,两轴承内圈一侧用轴肩定位,外圈靠轴承盖作轴向固定,右端轴承的外圈与轴承盖间留有间隙 c(一般为 0.2～0.4 mm),供轴受热后自由伸长。采用皮碗式密封。用于剖分机座、密封圈处圆周速度 $v \leqslant 7$ m/s 的场合
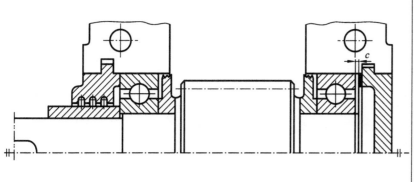	采用深沟球轴承和嵌入式轴承盖,轴向间隙靠右端轴承外圈与轴承间的调整环来保证,采用油沟式密封,零件数量少,外形较美观但轴向间隙调整不够方便,可用于大批量生产的减速器

5.4.2 斜齿圆柱齿轮传动中常见的滚动轴承组合

斜齿圆柱齿轮传动中轴的工作特点是轴承上同时作用着轴向和径向力,轴向力的相对大小与斜齿轮螺旋角大小有关。轴承应选用既能承担径向力又能承担轴向力的轴承,而不能选择如单列短圆柱滚子轴承这种只能承担径向力的轴承,如表 5-5 所示。

表 5-5 斜齿圆柱齿轮的滚动轴承组合结构

结 构 形 式	特点与应用
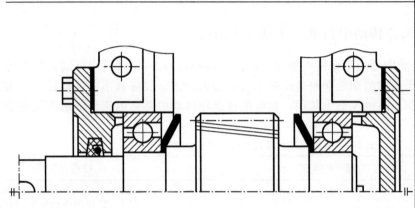	采用角接触球轴承,两轴承内侧加挡油盘,防止斜齿轮转动时油过多地进入轴承。轴向间隙靠轴承盖与箱体间的调整垫片来保证。可同时受径向力及较大的轴向力。采用皮碗式密封,用于高速、轻载、轴承跨距小于 300 mm 的场合
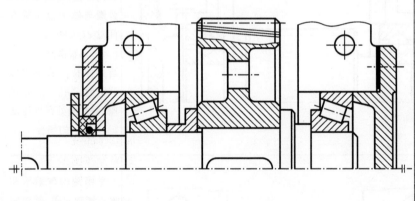	采用圆锥滚子轴承,可承受较大的径向力和轴向力以及冲击载荷,斜齿轮直径较大时,两轴承内侧可不用挡油盘。采用皮碗式密封防漏效果好,压板式安装方式便于调节径向力和更换密封圈。适用于中速、中载的场合

第6章　减速器的结构设计

在传动装置的总体方案设计、运动学计算、传动零件设计计算等有了阶段性的结论,并对减速器的主要结构以及轴承的选择和组合设计有了初步了解后,即可进行减速器的结构设计。

减速器内的零件可分为轴及轴上所安装的零件,即轴系零部件、箱体类零件、附件类零件等。减速器的结构设计就是指设计这些零件的形状、尺寸和它们之间的相对位置关系。

减速器的工作条件及强度、刚度、工艺、拆装、调整、润滑、密封和效益等多方面因素对减速器的结构均产生直接影响,而诸多因素的影响则通过大量的经验数据和结构体现在设计过程中。

6.1　设计方法和步骤

结构设计是一个复杂的过程,设计者必须考虑工作条件及强度、刚度、工艺、拆装、调整、润滑、密封和效益等诸多因素的影响,既要顾全大局、有良好的整体构思,又要重视局部、细节。结构设计时要同校核计算相结合,计算和画图交叉进行,遵循"边画,边算,边改"的"三边"设计理念;有些地方的数据需要多次修改和计算,有时甚至要全部推倒重来。因此要克服"怕麻烦、嫌枯燥"的情绪,避免"差不多就将就一下"的想法。

结构设计一般从装配图设计开始,从装配图上确定所有零件的位置、结构和尺寸,再以此为依据绘制零件工作图。设计始于绘制装配草图,绘图时着笔要轻,以便于修改;为了节省时间,在符合投影关系的条件下,可采用简化画法,如轴承可先用示意画法表示其位置和外形尺寸,螺纹连接组只画一个,相同的用中心线表示;对称部分只画一半;对一些倒圆、倒角等工艺结构则无需画出。

齿轮减速器的结构一般需要用三个视图表达,或者用主、俯视图加上局部视图。各视图中应采用局部剖视的方法,以表达内、外形均较复杂的减速器结构。做好各视图的绘图基准后,从一到两个最能反映零部件外形尺寸和相对位置的视图开始,兼顾其他视图。结构设计一般从轴系零部件始,常选择俯视图开始画图,到箱体和附件结构设计时各视图全面展开。

传动件是减速器的关键零件,其他零部件的结构和尺寸是根据传动件的需要而确定的。画图时通常由主到次,由粗到细。先画主要零件,即传动件,后画其他零件;从箱内零件画起,内外兼顾,逐步向外展开。本书将减速器结构设计大致分为轴系零部件结构、箱体结构和附件结构三大部分。三部分之间相互影响,设计中应互相兼顾。

为便于读者理解,本章将结合实例讲解减速器结构设计的方法和步骤。实例的已知条件如下。

用于带式运输机的一级斜齿圆柱齿轮减速器,两班制工作,环境有微尘,有轻微冲击,轻载启动。已知:传递的功率 $P = 2.72$ kW,齿轮中心距 $a = 145$ mm,$m_n = 2.5$ mm;$\beta =$

$15.090°$，分度圆直径 $d_1 = 59.55$ mm，$d_2 = 230.45$ mm，齿顶圆直径 $d_{a1} = 64.55$ mm，$d_{a2} = 235.45$ mm；齿轮宽 $b_1 = 60$ mm，$b_2 = 66$ mm，两齿轮材料均为 45 钢；轴转速 $n_1 = 342.86$ r/min，$n_2 = 88.15$ r/min；传递的转矩 $T_1 = 75.76$ N·m，$T_2 = 279.59$ N·m；带轮外径285.5 mm，轮缘宽 $B = 65$ mm，采用轮辐式结构。

6.2 设计准备

在进行结构设计之前，应认真观看有关减速器的视频或拆装实际减速器，读懂一张典型减速器装配图，深入了解减速器各零部件的功用、结构关系，做到对设计内容心中有数。此外，还应做好以下几方面设计准备。

(1) 确定传动零件的主要参数和前期设计中已确定的外形尺寸，如齿轮的中心距、齿顶圆直径、分度圆直径，与减速器轴相连的带轮或链轮的轮缘直径、宽度等。

(2) 初定滚动轴承的类型。

(3) 选择箱体的结构形式(铸造式还是焊接式，是否剖分等)。

本实例中针对上述各项作如下选择。

由于是斜圆柱齿轮减速器，且螺旋角较大，轴上存在一定的轴向力，故选择能够承担轴向力和径向力、经济性较好的向心推力轴承——圆锥滚子轴承，尺寸系列为中系列，302×× (内径代号待轴系结构设计时确定)。

箱体形式选择常见的铸造剖分式结构。

6.3 轴系零部件设计

轴的结构取决于轴上零件和轴承的固定方式、润滑和密封方式等，同时要满足轴上零件的定位要求及拆装方便、加工容易等条件。轴一般设计成阶梯形。当直径较小时，如圆柱齿轮 $e \leqslant 2.5m_n$ 时，齿轮与轴做成一体，形成齿轮轴(见图 6-13)。

轴系结构的设计主要在俯视图上完成。在选定轴承类型和润滑方式的前提下，首先布置轴上零件的相对位置；接着确定轴系零件在轴上的定位方式；然后拟定轴系结构及尺寸，经过必要的强度校核和尺寸修改；最后确定工艺结构等细节(该步骤也可在零件图绘制时考虑)。通常通过以下步骤来完成。

6.3.1 绘制主要基准和轮廓

1. 估计轮廓尺寸，布局视图

绘制结构草图前，可先根据中心距 a 对比同类型减速器的轮廓尺寸，估计所绘减速器的轮廓尺寸，选择合适的图幅和比例(尽量采用1∶1的比例，并力求比例一致，以便于设计者感觉实际零件的大小和位置)，进行图面布局。应注意小齿轮和大齿轮轴的位置、轴伸出端的方向，最好与传动方案简图一致。

2. 画出传动中心线和箱体内壁线

先画出主俯视图的绘图基准，即传动的中心线，然后画齿轮的齿顶圆、外轮廓线等，如图

6-1 所示；接着画出箱体内壁线。传动零件与箱体内壁之间应留有一定的间隙，以便于纠正铸造误差，供箱体内气体和液体流动。箱体内壁与小齿轮端面间距 $\Delta_2 \geqslant \delta$（$\delta$ 为箱体壁厚，见表 6-4），大齿轮齿顶圆与箱体内壁之间应保留间距 $\Delta_1 \geqslant 1.2\delta$，而小齿轮与箱体内壁之间的距离 Δ_4 由箱盖结构确定（参阅 6.4.2 节第 3 条第 5 项），在此暂不画出。

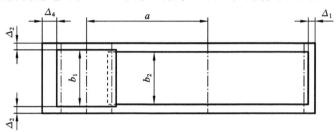

图 6-1 齿轮轮廓和减速器内壁线绘制

本实例中取 $\delta = 8$ mm，$\Delta_2 = 8$ mm，$\Delta_1 = 10$ mm。

3. 初定轴承座宽度，画出轴承座外端线

轴承座宽度是指箱体内壁到轴承座外端面间的距离 S（见图 6-2）。轴承座两侧连接螺栓 Md_1 处的凸台宽度，是由拆装螺栓的扳手活动空间尺寸 $C_1 + C_2$ 决定的（见图 2-1），而轴承座孔端面还需外凸 $5 \sim 8$ mm（以便于加工出座孔端面）。所以，从箱体外形需要方面来说，$S = \delta + C_1 + C_2 + (5 \sim 8)$ mm（δ 为箱体壁厚）。

图 6-2 绘制轴承座外端线

从表 6-4 中查出，本实例中 $Md_1 = 12$ mm，与此螺纹规格相应的 $C_1 = 20$ mm，$C_2 = 16$ mm，$S = 8 + 20 + 16 + (5 \sim 8)$，取 $S = 50$ mm。

由上述方法确定的尺寸 S，一般来说可满足轴上零件的安装要求；待到设计轴的轴向尺寸时，还应考虑轴承座孔内零件的装配需要，若发现 S 不能满足要求，可视需要加长。

6.3.2 低速轴系结构设计

1. 拟定轴系结构方案

1）确定支承方式

从 5.3.1 节中所述的两种轴承支承方式中选择合适的支承方式。一级圆柱齿轮减速器中的轴支承跨距较小，一般选择两端各单向固定的支承方式，两轴承面对面安装。

2）拟定轴上零件的固定方式

（1）轴向定位 在两端各单向定位的支承方式中，轴承的内外圈只需单向固定。轴承内侧用轴套(若轴上还装有挡油环等零件,可用挡油环代替套筒)或轴肩定位,外侧则用轴承端盖固定。

齿轮的一侧常用轴肩定位,另一侧利用定位零件如轴套(也可用挡油环代替)定位,如表5-4中各图。

在本实例中,由于轴承的润滑方式为脂润滑(见本节第3)项所述),轴上需要设置挡油环。参考表5-4中第二图,确定如图6-3所示的固定方式。

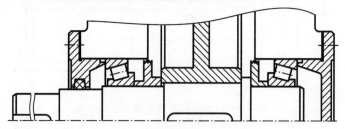

图 6-3 低速轴系结构方案

(2)周向定位 传动件(如齿轮、带轮、链轮、联轴器等)一般用普通平键进行周向固定;轴承的周向载荷很小,需要做周向固定的内圈与轴之间,或者外圈与孔之间,只要选择合适的公差配合就可将它们进行周向连接。

3)选择润滑与密封方式

(1)润滑 润滑方式主要取决于齿轮和轴承的线速度。本实例中,齿轮线速度 $v=1.12$ m/s,根据5.1节所述原则,齿轮应采用浸油润滑,轴承采用脂润滑。

为防止齿轮啮合的热油稀释并冲走轴承内部的润滑油,在轴承内侧拟采用铸造式挡油环(挡油环的类型和结构见图6-4)。

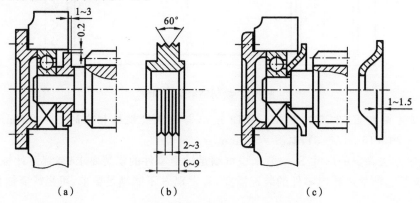

(a)   (b)   (c)

图 6-4 挡油环的结构和安装位置

(2)密封 轴承端盖与轴之间的密封方式与轴的转速和环境条件有关。本实例中的轴转速低,且环境有微尘,拟采用毡圈密封。

4)选择端盖结构

凸缘式端盖由于其便于调节轴系的轴向位置和轴承游隙,被广泛应用于轴系结构中。本实例选用凸缘式端盖。

完成上述各项选择后,低速轴的轴系结构方案如图6-3所示(注:齿轮左侧的挡油环和轴套也可作为一个零件）。其中齿轮的轮毂宽度暂时按轮缘宽度尺寸绘制，待拟定轴系结构尺寸后再作调整。

2. 初估轴的外伸段直径，选择联轴器

轴的外伸段直径（即最小直径）可按照下面的扭转强度准则估算，即

$$d_{\min} \geqslant A \sqrt[3]{\frac{P}{n}} \text{ mm} \tag{6-1}$$

式中：P——传递的功率，kW；

　　　n——轴的转速，r/min；

　　　A——跟材料有关的系数，见表 6-1。

表 6-1　常用材料的 A 值

轴的材料	Q235,20	35	45	40Cr,35SiMn
A	160~135	135~118	118~106	106~98

注：当弯矩较小时，或只受转矩时，取小值；反之取大值。

若轴端开有键槽，轴径应增大 3%～4%。也可用类比法参照同类产品确定轴端直径。

最小直径处要与回转零件相配合，所以求得 $d_{\min}$ 后，应取标准值（见附录表 A-4）。例如在最小直径处安装联轴器时，则应按联轴器的标准孔径来套选 $d_{\min}$；如果轴端安装带轮或链轮，应将按上述方法所确定的直径作为带轮轮毂的孔径。

本实例中，轴的材料选常用的 45 钢。轴上受到弯矩，A 取中间值。算出低速轴的最小直径为 $d_{2\min} = A \sqrt[3]{P/n_2} \approx 112 \times \sqrt[3]{2.61/88.15} \text{ mm} = 34.6 \text{ mm}$，扩大 4% 后约为 35 mm。

由于此处轴段与联轴器相连，故轴径的确定应与联轴器的选择同时进行。

输出轴与滚筒之间的联轴器若是传递扭矩较大，应选择齿式联轴器和十字滑块联轴器；若是传递转矩较小，也可选用工程中常用的弹性柱销联轴器或弹性套柱销联轴器；精度要求不高时还可考虑滚子链联轴器、梅花形弹性联轴器等。本实例中，安装的同轴条件未知，根据轻微冲击，以及计算转矩 $T_{c1} = KT_1 = 1.5 \times 280 \text{ N} \cdot \text{m} = 420 \text{ N} \cdot \text{m}$，和轴转速 88.15 r/min，再结合轴径条件，将附表 J 中满足转矩和极限转速条件的上述各种挠性联轴器参数做一对比，最后选择外形尺寸小、转动惯量小的 LM7 梅花形弹性联轴器，其公称转矩为 630 N·m，许用转速为 1 120 r/m。结合计算出的最小直径，与低速轴连接的半联轴器上的轴孔直径确定为 38 mm；为缩短轴的伸出长度，选择 J1 型轴端形式，轴孔长度为 60 mm。这种联轴器对拆装时的空间尺寸无特殊要求。

3. 绘制低速轴的结构草图

拟定好轴系结构方案后，就可在图 6-2 的基础上，按照下面的步骤，逐步绘出轴系结构草图。结构尺寸可先按照轴的外伸端直径估计，在步骤 4 中确定其精确值。

步骤 1　绘制轴承。轴承在轴承座孔中的轴向位置，取决于润滑方式。这是因为润滑方式决定了轴承内侧是否需要挡油盘、甩油环等封油结构。

当齿轮采用浸油润滑而轴承采用脂润滑时，为防止齿轮溅起的润滑油进入轴承内部，稀释并带走润滑脂，应在轴承内侧设置挡油盘。挡油盘的结构和安装位置尺寸如图 6-4 所示。图 6-4(a)、图 6-4(b)所示为铸造式挡油盘在轴系中的安装位置和挡油盘的结构尺寸，图 6-4

(c)所示的挡油盘是用 $1 \sim 1.5$ mm 厚的钢板冲压而成的。

当齿轮采用浸油润滑,轴承也采用飞溅起的油润滑时,轴承内侧不需要安装挡油盘,但此时需要在箱体上绘出导油槽,并在轴承端盖上绘出输油沟(见图 5-3、图 6-40 及附录 L-2 图例等)。

不需安装挡油盘的减速器,当小齿轮直径较小时,有时为了防止小齿轮(尤其是斜齿轮)上的不清洁热油过多地挤入轴承中,导致轴承的工作环境恶化,也会在靠近小齿轮轴承内侧安装甩油盘,其结构和安装位置见图 6-4(c)。

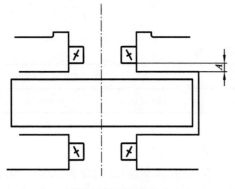

图 6-5 绘制轴承

如果不需要安装挡油盘,轴承内侧与箱体内壁间的距离 A 一般为 $5 \sim 8$ mm(见图 6-5);如需安装挡油盘,则该尺寸依挡油盘的结构尺寸而增加。当采用铸造式挡油盘时,距离 A 为 $10 \sim 15$ mm;采用冲压式挡油盘时的 A 取 $8 \sim 12$ mm。

本实例中绘出的轴承位置如图 6-5 所示。由于轴承采用脂润滑,需要设置挡油盘,故取 $A = 10$ mm。

步骤 2 绘制轴、端盖、挡油盘的形状。按照选好的轴系结构方案(见图 6-3),以及估算好的最小直径数值,绘制轴、端盖、挡油盘,轴的尺寸可近似绘制。

本例中挡油盘的结构按照图 6-4(a)样式绘制。

齿轮的轮毂宽度与轮毂直径有关。在此阶段,轮毂宽度暂时画成与轮缘等宽,等到轴的直径尺寸确定再修改轮毂宽度。

轴承盖有凸缘式和嵌入式,其结构如表 6-2 和表 6-3 所示。

表 6-2 凸缘式轴承端盖的结构尺寸   (单位:mm)

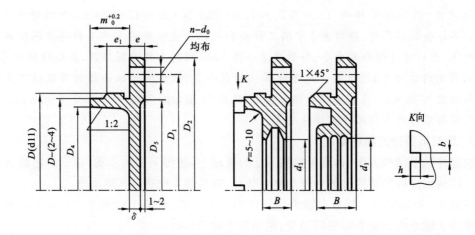

续表

符　号	尺　寸　关　系				符　号	尺　寸　关　系
D(轴承外径)	30～60	62～100	110～130	140～230	D_5	$D_0-(2.6～3)d_3$
d_3(螺钉直径)	6～8	8～10	10～12	12～16	e	$1.2d_3$
n(螺钉数)	4	4	6	6	e_1	$(0.1～0.15)D$ $(e_1\geqslant e)$
d_0	$d_3+(1～2)$				m	由结构确定
D_1	$D_1=D+2.5d_3$				δ_2	8～10
					b	8～10
					h	$(0.8～1)b$
$D_2(D_1)$	$D_1+(2.5～3)d_3$				透盖密封槽	参见后面
D_4	$(0.85～0.9)D$				的结构尺寸	相关数据

表 6-3　嵌入式轴承端盖的结构尺寸　　　　　　　　　　　　　（单位:mm）

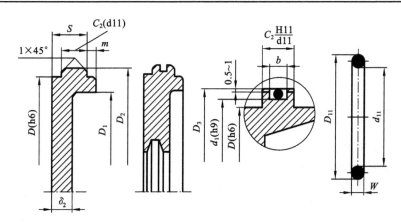

不带 O 形密封圈				带 O 形密封圈												
D(h6)	30～ 80	35～ 110	115～ 170	D_{11}	40	45	50	55	60	63	65	68	70	75	80	83
C_2(d11)	5	6	8	d_{11}	35	40	45	50	55	58	60	63	65	70	75	80
S	10	12	15	D_{14}	90	95	100	105	110	115	120	125	130	135	140	14
δ_4	8～10			d_{14}	85	90	95	100	105	110	115	120	125	130	135	140
D_4	$D+e_2$			当 $D_{14}=30～50$, $W_{实际}=3.1$												
D_4	$D-20$			D(h6)		40～80			85～110			115～120				
e	由轴承部件结构确定			e_2(d11)		8			10			12				
透盖密封槽的结构尺寸，参见后面相关数据				S		15			18			20				
				D_5	$D_5=D+(10～15)-D_4$											
				d_1(h9)	d_5-d_{11}(与 D_{11} 相应)											
				b_2	4(与 $W=4.1$ 相应)											

设计轴承盖时应注意以下几个方面。

(1) 轴承端盖与座孔间必须保证有合适的配合长度 e_1，以防止端盖歪斜，影响轴承的正确定位。一般取 $e_1 = (0.1 \sim 0.15)D$，D 为轴承外径。如果配合段过长，可将端盖上与轴承接触处外径车去一圈，如表 6-2 中左图、中图的端盖，配合段 D 过长的部分被车小 $2 \sim 4 \ \text{mm}$。

(2) 端盖上伸入轴承座孔中的部分，其外径 D 根部开有矩形槽，是用来安装 O 形密封圈的，以防止油从端盖端面漏出。

(3) 端盖外径较小时，可不必做出减少加工面的凹坑。

(4) 当轴承采用飞溅润滑时，应选择端盖端部带有槽 $b \times h$ 缺口的结构（表 6-2 中的 K 向视图）。装配时，缺口不一定能对准输油沟，油路仍可能堵塞，故在端盖端部 $m-e$ 长度范围内将外径车小 $2 \sim 4 \ \text{mm}$（注：车小的环与第"(1)"条中所述被车小的环为同一结构），从而在轴承端盖与轴承座孔之间形成环状间隙，使润滑油通过此间隙流入缺口，流入轴承内腔润滑轴承。

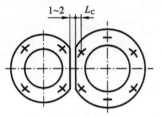

图 6-6 轴承端盖干涉时切去一块

采用凸缘式端盖时，若主、从动轴上两端盖的外凸凸缘半径之和大于齿轮传动的中心距，会导致两端盖相互干涉时，可将重叠部分切去（见图 6-6）。

本实例中选择凸缘式端盖。由于轴承采用脂润滑，故选择端部不带导油口的结构形式。图 6-7 所示为绘出轴、端盖及密封、挡油盘后的图形。

4. 初定轴系结构尺寸，初选轴上标准件

1) 初定轴系径向尺寸、初定轴承型号

轴的直径尺寸设计通常是从最小直径处开始，从小到大逐段设计各轴段的直径。通常要考虑下列因素。

(1) 与标准件相配合的轴段直径，均应采用相应标准件的内径标准值。如安装轴承处轴颈的尺寸，应按照预先拟定的轴承类型，从轴承内径系列中选择合适的内径，从而确定轴承型号，继而可查知轴承外径尺寸，该外径尺寸即为轴承座孔直径的尺寸；安装密封圈的部位的直径，应从密封圈的直径系列中选取；轴上螺纹、花键部分的直径也必须符合相应的标准。

(2) 轴头（安装传动零件处）应采用标准尺寸（见附录表 A-4）或 5 的整数倍数值。

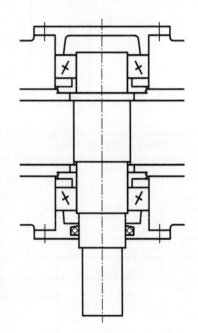

图 6-7 绘出轴、端盖及密封、挡油盘

(3) 轴肩与轴环定位端面与轴上零件端面应接触可靠。如图 6-8 所示，当轴肩（即直径尺寸变化所形成的阶梯）是为了固定轴上零件或承受轴向力时，轴肩高度 a 应大于该处所安

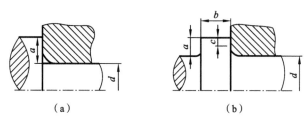

图 6-8　轴肩与轴环

(a) 轴肩　(b) 轴环

装零件的倒角或圆角半径 1～3 mm,或按 $a≈(0.07～0.1)d$ 计算,d 为轴肩处直径;轴环宽度一般取为轴环高度的 1.4 倍($b≈1.4a$)。固定滚动轴承的轴肩高度应小于轴承内圈厚度,以便于拆卸轴承,此时 a 的数值可查轴承标准。如果拆卸高度不够,可在轴肩上开出轴槽,以便于拆卸。

当轴肩仅仅是为了便于拆装或区别加工表面时,其高度很小,可以小到 1 mm 以下,甚至不设轴肩,只是用不同的公差尺寸区别两轴段。

(4) 轴的直径尺寸确定后,还须考虑是否会影响装配。例如,需要从箱体孔中穿入的轴,其最大直径不会超过箱体上的孔径(该孔径通常等于轴承外径)。若存在不利于装配的尺寸,应及时调整。

本实例中,各段轴径的取值结果如图 6-9 所示。

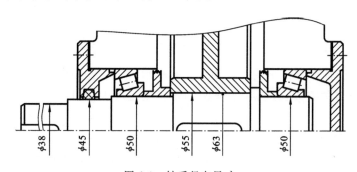

图 6-9　轴系径向尺寸

根据安装轴承处的轴颈直径为 50 mm,初选该轴轴承型号为 30210,外形尺寸为 50 mm×90 mm×21.75 mm(内径×外径×总宽度)。由此可确定轴承座孔内径应为轴承外圈的直径为 90 mm。

2）初定轴系轴向尺寸,确定齿轮轮毂宽度,选择平键型号尺寸

轴上零部件的宽度和轴向位置确定后,只需进行简单的代数运算即可得到轴系零部件的轴向尺寸。一般应注意以下几个方面。

(1) 与零件相配的轴段处长度由与其配合的轮毂宽度决定。当传动零件用其他零件固定其轴向位置时,该轴段的配合长度应比轮毂宽度短 1～2 mm,即保证留有足够的轴向压紧空间,如图 6-11 所示,安装齿轮的轴段长度为 58 mm,比齿轮轮毂宽度 60 mm 短 2 mm;安装联轴器的轴段长度 58 mm,是由联轴器的轴孔长度 60 mm 减去 2 mm 而得到的。

（2）联轴器与箱体外端面之间的距离 L，应便于拆卸和安装机器零部件。图 6-10(a) 所示为弹性套柱销联轴器所应留出的拆卸空间 A，图 6-10(b) 所示为安装联轴器后轴承端盖上的连接螺栓无法拆卸，改成图 6-10(c) 所示形式的联轴器类型后，即便是较小的 L_4 也可实现方便拆卸。因此，在需要减小轴的伸出长度的场合下（轴越长，其抗弯刚度越小），应选择图 6-10(c) 所示的便于拆卸的类型，如本实例中的梅花形弹性联轴器，安装和拆卸时所需的外形尺寸小，不妨碍减速器端盖或其自身零件的拆卸，采用此类型联轴器的减速器轴伸出箱体外的长度，只需考虑联轴器的轴孔长度即可。

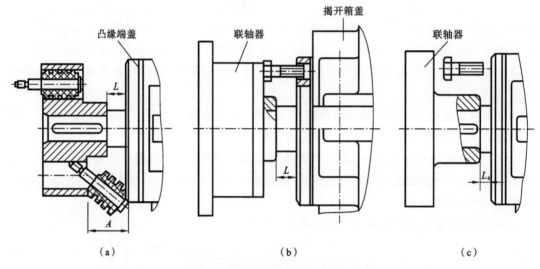

图 6-10　联轴器与端盖之间留有拆装空间

（3）轴上位于轴承座孔中的一段用来安装轴承、端盖、密封装置、挡油环等零件（见图 6-11）。端盖上止口的有效长度 m（见表 6-2）不宜太短或太长，以免拧紧螺钉时端盖歪斜。一般取 $e_1 = (0.10 \sim 0.15)D$，D 为轴承孔径。若本节第 1 项中初步拟定的 S 值不够，则应按所需的最小值要求修改该尺寸。本实例中 $e_1 = (50 - 14 - 21.8)$ mm = 14.2 mm，超出 $(0.1 \sim 0.15) \times 90$ mm = $9 \sim 13.5$ mm 的范围，因此将此段端部外圆车去约 5 mm，如图 6-11 所示。

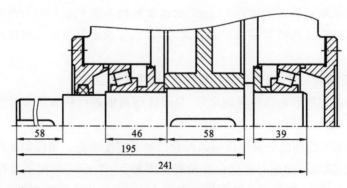

图 6-11　轴系的尺寸

(4) 当轴承位于轴的端部时,轴上该段长度应考虑倒角或圆角的影响,加长 $1\sim2$ mm,如图 6-11 中右端轴段长度 49 mm＝$(2+11+14+20+2)$mm,其中第一个 2 mm 为齿轮的轴向压紧空间距离,20 mm 为轴承内圈的轴向尺寸,最后一个 2 mm 为考虑轴段倒角而在轴向加长的尺寸。

安装齿轮的轴头处直径确定后,可查附录表 E-3 确定齿轮轮毂宽度。本实例中轮毂宽 $L=b=60$ mm。与初定的宽度一致,不需调整。

本实例中拟定的轴向尺寸如图 6-11 所示。

轴的尺寸确定后,即可根据普通平键的标准(查附录表 I-1),确定键连接的截面尺寸;再按照连接轴头的长度,在键的长度系列中选择稍小于轴头长度的键长尺寸。

本实例中,确定齿轮与轴之间的普通平键连接型号:GB/T 1096 键 $16\times10\times50$;外伸段上的平键型号为 GB/T 1096 键 $C10\times8\times50$。

5. 验算轴系零部件

1）轴的强度校核

轴的结构设计初步完成之后,轴的支点位置及轴上所受载荷的大小、方向和作用点均为已知。此时,即可求出轴的支承反力,画出弯矩图和转矩图,综合考虑受载大小、轴径粗细及应力集中等因素,确定一个或几个危险截面,按弯扭合成强度条件校核轴的强度。

当轴承采用向心推力轴承(如圆锥滚子轴承、角接触球轴承等)时,轴承支点的位置 a 可从轴承标准中查得(见附录表 F-2、表 F-3 等),在简化计算时则直接将轴承中点作为支点;向心轴承中取轴承中点作为支点。传动件的力作用点取在轮缘宽度的中点上。

若计算出初步结构设计中轴的强度不够,应修改结构尺寸,一般是增加轴径,或减小轴承的支承跨距;若计算出的强度大于许用强度,且相差不是很大,一般就以结构设计的轴径为准,因为轴上的工艺结构对轴的强度有一定的影响。

经校核(计算过程略),本实例中轴的强度满足要求。

2）轴承的校核

轴的结构设计时确定了轴承的型号,以及轴上所受的载荷,据此即可校核轴承的寿命是否足够。一般情况下寿命都可满足要求。如果计算出寿命不足,但与实际所需相差不大,可以改选其他宽度系列或尺寸系列,不需改选轴承类型及内径;若是相差较大,也尽量不修改内径,而是改选承载能力较大(或较小)的轴承类型(如将角接触球轴承改为圆锥滚子轴承),还可采取以减速器的检修期为轴承寿命,在机器的大修期时更换轴承的方法来满足寿命要求。

本实例中此项校核略。

3）键连接的校核

按照标准选择的键连接一般能满足使用要求。一根轴上若传递的扭矩相同,只需选出受载较大、尺寸较小的键连接,按照挤压强度条件校核轴、轮毂中较弱者的强度;若强度不足,可增加键的长度,或改用双键,甚至考虑增加轴的直径。

本实例中此项校核略。

6. 拟定轴的工艺结构

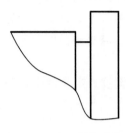

图 6-12 空刀槽的结构

轴的工艺结构包括装配工艺结构和制造工艺结构。轴上常见的工艺结构有倒角、倒圆、螺纹退刀槽、砂轮越程槽等。值得一提的是,为了保证传动件及轴承与轴肩贴紧,可以在轴肩根部加工出图 6-12 所示的空刀槽,这种结构便于加工,但它会导致应力集中。当轴的强度富裕时,建议采用此种结构。

在装配图中,轴的工艺结构一般不用画出,而在拆画零件图时应体现这些结构。

7. 完成齿轮的结构设计

齿轮的结构形式与其几何尺寸、毛坯、材料、加工方法、使用要求等因素有关(参见 4.2 节及附录表 E-3)。在轴结构设计时,先假定轮缘与轮毂宽度相同,设计出了轮毂孔的直径。按照附录表 E-2 即可确定齿轮的详细结构。本实例中,根据齿轮的材料和直径,低速轴齿轮选择腹板式结构,按照附录表 E-2 中的经验公式算得结构尺寸后(见附录图 L-1.2 齿轮工作图),修改图 6-8 中齿轮的结构形状。

6.3.3 高速轴系结构设计

高速轴的结构设计过程与低速轴的基本相似。只是高速轴上的小齿轮直径较小,按照低速轴的方法设计后,如果齿轮齿根圆到齿轮轮毂键槽顶部的径向距离 $e \leqslant 2.5m_n$(见图 6-13),则齿轮与轴应做成一体,形成齿轮轴。齿轮轴的结构见图 6-14(a)和图 6-14(b)。图 6-14(a)中的齿轮可用插齿法或滚齿法加工,而图 6-14(b)中的齿轮由于轮齿直径太小,只能用仿形法加工。

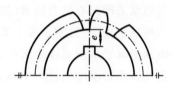

图 6-13 键槽与齿轮齿根之间的距离

下面通过本实例来叙述高速轴的设计过程。

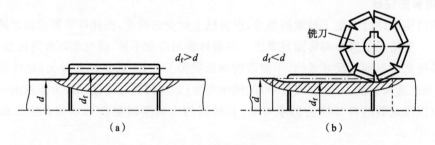

图 6-14 齿轮轴的结构

1. 初选轴系结构方案

判断图 6-15 中的 e 值是否超过 $2.5m_n$ 时,需要先计算出安装齿轮的轮毂直径,故设计高速轴也应按照低速轴的设计方法,先选择轴系结构方案。一般情况下,由于两轴的工作条件相同,两轴的轴系也选择相同的结构。本实例初选高速轴方案也如图 6-3 所示。

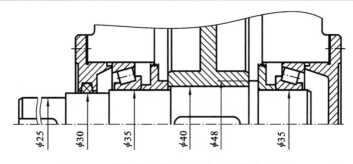

图 6-15　采用分体式结构时高速轴的径向尺寸

2. 试取轴系径向尺寸,确定轴的结构

由于高速轴做成齿轮轴的可能性较大,因此可先在低速轴的方案草图上估算安装齿轮处轴头的径向尺寸,选择平键的尺寸,计算出图 6-13 中的 e 值后,判断是否满足齿轮轴的条件,然后才能确定低速轴的最终结构方案,之后再绘制轴系结构草图。

本实例中,高速轴的材料也选最常用的 45 钢,轴上受到弯矩,A 取中间值,按式(6-1)算出高速轴的最小直径为

$$d_{1\min} = A\sqrt[3]{P/n_1} \approx 112 \times \sqrt[3]{2.72/343}\ \mathrm{mm} = 22.3\ \mathrm{mm}$$

考虑键槽的影响,扩大 4% 后为 23.3 mm,取标准直径值,取为 $d_{1\min} = 25$ mm。此直径也应确定为带轮的轴孔直径。

尺寸的拟定方法与低速轴相同。本实例中,拟定安装齿轮的轴头直径为 40 mm,如图 6-15所示。根据直径大小所选出的普通平键剖面尺寸为 12 mm×8 mm,键槽深度为 3.3 mm。据此可算出图 6-13 中的 $e = [53.3(d_{f2})/2 - (40/2 + 3.3)]$ mm = 3.35 mm,小于 $2.5m_n = 6.25$ mm。由此可知,高速轴应与齿轮一同制成齿轮轴,轴系结构方案如图 6-16 所示。

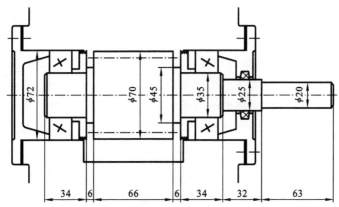

图 6-16　高速轴的轴系结构与齿轮

3. 拟定高速轴系的尺寸,选择键连接尺寸

高速轴尺寸的拟定原理同低速轴。轴的伸出端长度应与带轮轮毂宽度(65 mm)相适应,同样也应保留轴向压紧空间。此处取(65－2) mm = 63 mm。齿轮轴的轴系结构及尺寸设计如图 6-16 所示。

至此,减速器的轴系结构设计基本完成,如图 6-17 所示。

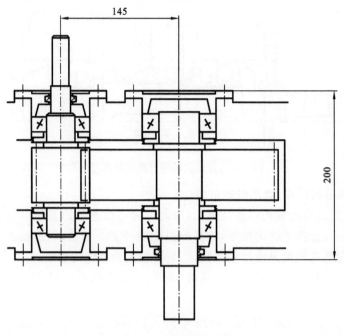

图 6-17　轴系结构草图

6.4　箱体的结构设计

6.4.1　箱体的类型

　　一般箱体用铸铁制造,重型减速器也有用球墨铸铁或铸钢制成的。在单件或小批生产中,也可用钢板(Q235)焊接而成,如图 6-18 所示。焊接箱体不用木模,简化了工艺,缩短了生产周期,而且由于钢的弹性模量与切变模量均比铸铁大 40%～70%,因而可以得到质量较小而刚度更高的箱体。焊接箱体的壁厚常取为铸铁箱体的 0.8 倍,其他部分尺寸也相应减小,故焊接箱体通常比同样规格的铸造箱体轻 25%～50%。但焊接时产生较大的热变形,需经退火和矫直处理,并需留有足够的加工余量,要求较高的焊接技术。采用焊接式箱

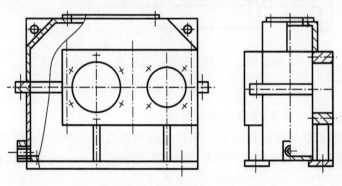

图 6-18　焊接箱体的结构

体的减速器图例见附录图 L-5。

箱体大部分采用剖分式(见图 2-1 和图 6-28),剖分面一般通过轴心线。这种结构允许将齿轮、轴承和轴系零件在箱体外安装好,然后放入箱座的轴承座孔内,便于装配和调整。轻型齿轮减速器、蜗杆减速器和行星减速器常采用整体式箱体,其结构紧凑、质量小,轴承与座孔的配合性质易于保证。

本实例采用常见的铸造箱体,剖分式结构。

6.4.2　箱体的结构设计

1. 箱体的结构设计要求

箱体是用来支承和固定轴系零部件,并保证传动件正确啮合、平稳运转、良好润滑、可靠密封。设计时应综合考虑强度、刚度、密封性、制造和装配工艺性等多方面因素。

1)箱体应具有足够的强度和刚度

为保证箱体具有足够的刚度,箱壁应有一定的厚度。在相同壁厚的情况下,增加箱体底面积及箱体轮廓尺寸,可以增加抗弯扭的惯性矩,有利于提高箱体的整体刚度。图 6-19(a)所示的箱体虽然紧凑、质量小,但就其刚度来说,它就不如图 6-19(b)所示的箱体。

轴承座底孔附近受到较大的集中载荷,故轴承座的厚度应增加,一般是箱体壁厚的 2~2.5 倍。轴承座附近还应加支撑肋。支撑肋有内肋和外肋之分。大多数铸造箱体采用外肋,如图 6-20 所示的箱体。采用内肋的箱体上,轴承座孔伸向箱体内侧,如图 6-20(b)所示。内肋刚度大,箱体外形流畅美观,其缺点是影响箱体内润滑油的流动,工艺也比较复杂。但目前采用内肋的结构逐渐增多。图 6-20(c)所示的箱体采用了凸壁式结构,相当于双内肋,刚度更高,外形整齐;其缺点是制造较复杂。

对于剖分式箱体,还应保证箱盖、箱座的连接刚度,尤其是轴承座孔的连接刚度。为此,箱盖与箱座的连接凸缘应具有足够的宽度(见图 6-39),以便布置具有足够连接能力的螺栓。同样,箱体底座凸缘也应具有足够的厚度和宽度(见图 6-41)。

连接螺栓间距不应过大,以保证足够的压紧力。轴承座两侧的连接螺栓应紧靠座孔,但不得与端盖螺钉及箱内导油沟干涉。为此,应在轴承座两侧设置凸台,为连接螺栓和螺母提供扳手空间(见图 6-21)。扳手空间的具体尺寸见附录表 H-5。

2)箱体应具有可靠的密封

箱体剖分面要经过精刨或刮研。为保证轴承孔的精度,箱体剖分面间不得放置垫片,而是涂上密封胶。密封要求较高时,还需在结合面上制出回油沟,使渗出的油可沿斜槽重新流回箱体内,如图 6-22 所示。箱体与附件贴合处的结合面(如观察孔口外表面等)均应加工成平面,以便于安装密封件。

3)箱体应具有良好的结构工艺性

(1) 铸造工艺性　箱体外形应力求简单(如各轴承孔凸台高度应一致),尽量减少沿拔模方向的凸起部分并应具有一定的拔模斜度。铸件壁厚应力求均匀,过度平缓,金属不要局部积聚,且壁厚应不小于最小壁厚。凡毛坯面转折处都应设计成过渡圆角(即铸造圆角)。

箱体上还应避免出现狭缝,以免砂型强度不足,在造型和浇注时出现废品。图 6-23(a)所示的两凸台距离过小时,应将凸台连成一块,改成图 6-23(b)、(c)、(d)所示结构。

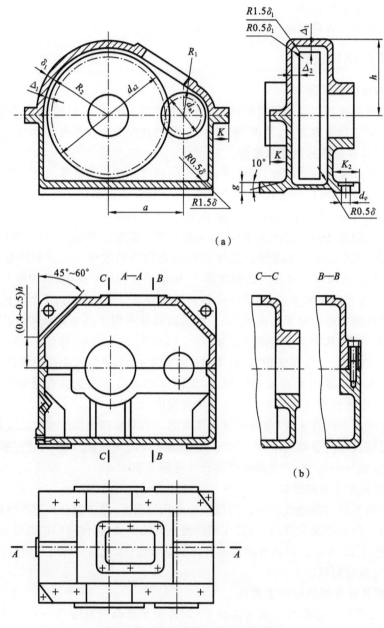

图 6-19　箱体轮廓尺寸与整体刚度

(a) 箱体轮廓尺寸较小,刚度较小　(b) 箱体轮廓尺寸较大,刚度较大

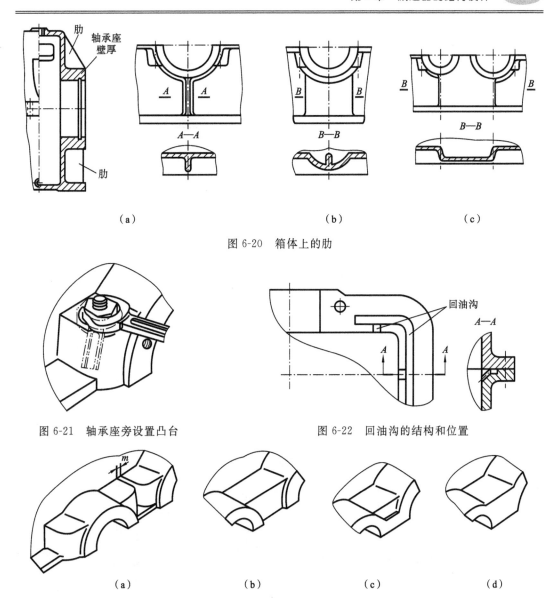

图 6-20　箱体上的肋

（a）　　　　　　　　　　（b）　　　　　　　　　　（c）

图 6-21　轴承座旁设置凸台　　　　　　图 6-22　回油沟的结构和位置

（a）　　　　　　（b）　　　　　　（c）　　　　　　（d）

图 6-23　箱体中间凸台的结构

（2）机械加工工艺性　轴承座孔最好是通孔，且同一轴线上的座孔直径最好一致，以便一刀镗出，减少刀具调整次数和保证镗孔精度。同一方向的平面，应尽可能一次调整加工（见图 6-24（b））；各轴承座同一侧的外端面最好布置在同一平面上（见图 6-24（b）和图 6-25（b））所示。两侧外表端面最好对称于箱体中心线，以便于加工和检验。

箱体上任何一处加工表面和非加工表面必须严格分开，不要使它们处于同一表面上。凸起或是凹入，应根据加工方法而定。图 6-26 所示的是加工凸台与凹坑的方法。一般来说，与轴承端盖、观察孔盖、通气器、吊环螺钉、油标、放油螺塞、地基等结合处应做成凸台（凸起 3～8 mm），螺栓头和螺母的支承面可做成小凸台，也可将毛坯面刮平成为浅鱼眼坑。

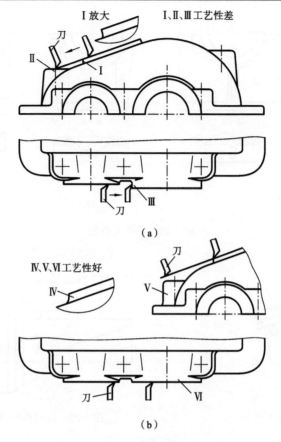

图 6-24 同一方向上的平面应对齐

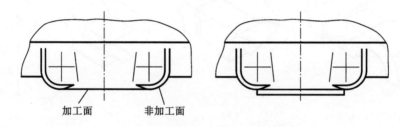

图 6-25 加工面与非加工面的区别

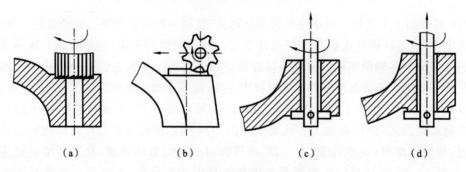

图 6-26 凸台与凹坑的加工方法

为减少加工面积、保证所加工面的平面度,在图 6-27 所示的箱体底面结构中,图 6-27 (a)所示的结构工艺性差,图 6-27(b)、(c)或(d)所示的结构工艺性较好。

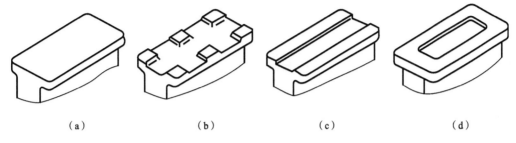

（a）　　　　　　　（b）　　　　　　　（c）　　　　　　　（d）

图 6-27　箱体底面结构

2. 计算箱体的结构尺寸及选择连接件的规格

由于箱体的结构形状比较复杂,其各部分尺寸多借助于经验公式来确定。如果在绘制箱体结构之前计算出箱体的结构尺寸,选好连接件的规格,就可以在后续的设计中直接采用这些数据,有利于提高设计效率。铸造箱体的一般结构和各部分名称见图 2-1 或图 6-28,结合表 6-4 中的经验公式和表 6-5 即可确定箱体上的结构尺寸和连接件的尺寸。焊接箱体壁厚为铸造箱体壁厚的 0.7～0.8 倍,且不小于 4 mm。

表 6-4　减速器铸造箱体的结构尺寸和连接件的规格(图 2-1、图 6-28)

名　称	符号	减速器类型及尺寸关系/mm		
		齿轮减速器	锥齿轮减速器	蜗杆减速器
箱座壁厚	δ	一级 $0.025a+1\geqslant8$ 二级 $0.025a+3\geqslant8$ 三级 $0.025a+5\geqslant8$	$0.0125(d_{1m}+d_{2m})+1\geqslant8$ 或 $0.01(d_1+d_2)+1\geqslant8$ d_1、d_2——小、大锥齿轮的大端直径 d_{1m}、d_{2m}——小、大锥齿轮的平均直径	$0.04a+3\geqslant8$
箱盖壁厚	δ_1	一级 $0.02a+1\geqslant8$ 二级 $0.02a+3\geqslant8$ 三级 $0.02a+5\geqslant8$	$0.01(d_{1m}+d_{2m})+1\geqslant8$ 或 $0.0085(d_1+d_2)+1\geqslant8$	蜗杆在上:$\approx\delta$ 蜗杆在下:$=0.85\delta\geqslant8$
箱盖凸缘厚度	b_1	$1.5\delta_1$		
箱座凸缘厚度	b	1.5δ		
箱座底凸缘厚度	b_2	2.5δ		
地脚螺钉直径	d_f	$0.036a+12$	$0.018(d_{1m}+d_{2m})+1\geqslant12$ 或 $0.015(d_1+d_2)+1\geqslant12$	$0.036a+12$
地脚螺钉数目	n	$a\leqslant250$ 时,$n=4$ $a>250\sim500$ 时,$n=6$ $a>500$ 时,$n=8$	$n=\dfrac{\text{箱体底凸缘周长之半}}{200\sim300}\geqslant4$	4

名　称	符号	减速器类型及尺寸关系/mm		
		齿轮减速器	锥齿轮减速器	蜗杆减速器
轴承旁连接螺栓直径	d_1	$0.75d_1$		
轴承旁连接螺栓距离	s	尽量靠近,以 Md_1 和 Md_3 互不干涉为准,一般取 $s \approx D_2$		
盖与箱座连接螺栓直径	d_2	$(0.5 \sim 0.6)d_f$		
连接螺栓 d_2 的间距	l	$150 \sim 200$		
轴承端盖螺钉直径	d_3	$(0.4 \sim 0.5)d_f$		
轴承端盖外径	D_2	$D+(5 \sim 5.5)d_3$;D——轴承外径(嵌入式轴承盖尺寸见表6-3)		
轴承端盖螺钉分布圆直径	D_1	$D+2.5d_3$;D——轴承外径		
视孔盖螺钉直径	d_4	$(0.3 \sim 0.4)d_f$		
定位销直径	d	$(0.7 \sim 0.8)d_2$		
d_f、d_1、d_2至外箱壁距离	C_1	见表6-5		
d_f、d_2至凸缘边缘距离	C_2	见表6-5		
轴承旁凸台半径	R_1	C_2		
凸台高度	h	根据低速级轴承座外径确定,以便于扳手操作为准		
外箱壁至轴承座端面距离	l_1	$C_1+C_2+(5 \sim 10)$		
铸造过渡尺寸		见附录表A-14~表A-16		
大齿轮顶圆(蜗轮外圆)与箱体内壁距离	Δ_1	$>1.2\delta$		
齿轮(锥齿轮或蜗轮轮毂)端面与箱体内壁距离	Δ_2	$>\delta$		
箱盖、箱座肋厚	m_1,m	$m_1 \approx 0.85\delta_1,m \approx 0.85\delta$		

注:① 多级传动时,a取低速级中心距;对于圆锥-圆柱齿轮减速器,按圆柱齿轮传动中心距取值;

② 焊接箱体的箱壁厚度约为铸造箱体壁厚的 0.7~0.8 倍。

表6-5　凸台及凸缘的结构尺寸(图2-1、图6-28)　　　　mm

螺栓直径	M6	M8	M10	M12	M14	M16	M18	M20	M22	M24	M27	M30
C_{1min}	12	14	16	18	20	22	24	26	30	34	38	40
C_{2min}	10	12	14	16	18	20	22	24	26	28	32	35
D_0	13	18	22	26	30	33	36	40	43	48	53	61
R_{0max}	5					8				10		
r_{max}	3					5				8		

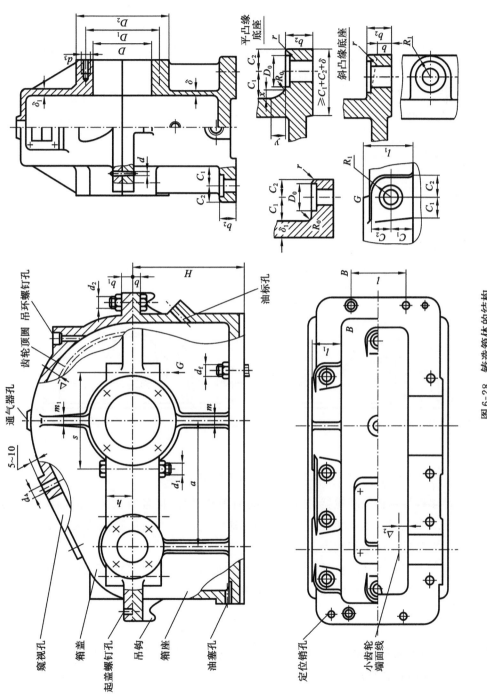

图 6-28　铸造箱体的结构

3. 绘制箱体视图

箱体结构在三个视图中均有体现。在俯视图中设计好轴系结构和箱体的部分图线后，就应转向以主、俯视图结合来设计箱体的结构。左视图用来补充主、俯视图中未能详尽表达

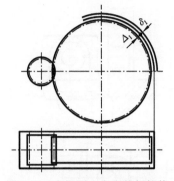

图 6-29　主视图上大齿轮侧箱体
内外壁的位置

的结构和位置关系，如减速器外形上主要部分之间的位置关系、定位销和起盖螺钉的装配关系、地脚螺栓孔的形状和尺寸等。

1）绘制主视图中齿轮轮廓和箱体内壁线

主视图的绘制也是从关键零件——齿轮的中心位置开始。根据已知的中心距，按照"长对正"的投影原则，绘出两齿轮及其中心线，以及箱盖内壁线和箱盖壁厚（壁厚为 δ_1），如图 6-29 所示。

2）确定箱体中心高，绘出箱体底面位置

箱体中心高是由齿轮的浸油深度和油池深度决定的。齿轮浸油深度以 1～2 个齿高为宜，当速度高时，浸油深度约为 0.7 个齿高，但不得小于 10 mm。当速度较低（0.5～0.8 m/s）时，浸油深度可达 1/6～1/3 的齿轮半径（见图 6-30(a)）。

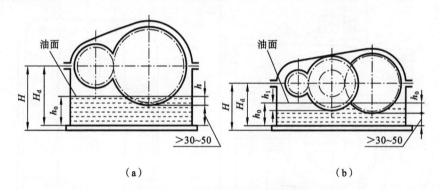

（a）　　　　　　　　　　　　　（b）

图 6-30　油面高度和油池深度

在设计多级齿轮传动减速器时，应选择适宜的传动比，使各级大齿轮浸油深度适当（见图 6-30(b)）。如果低速级大齿轮浸油过深，高速级大齿轮可采用溅油轮来润滑，利用溅油轮将油溅入齿轮啮合处进行润滑。

为了避免大齿轮回转时将油池底部的沉积物搅起，大齿轮齿顶圆到油池底面距离一般在 30～50 mm 之间（见图 6-30(a)）。油池高度 h_0 可表示为

$$h_0 = V_0 \times 10^{-6} \frac{P}{S} \tag{6-2}$$

式中：V_0——减速器每传递 1 kW 功率所需的装油量，单级传动时为 350～700 cm³，多级传动时按比例增加，cm³；

　　　P——减速器传递的功率，kW；

　　　S——箱底面积，m²。

考虑到使用中油不断蒸发，以及传动件运转时对油的不断搅动所引起的油面位置降低，

还应给出允许的最高油面。中小型减速器的最高油面和最低油面之间一般相差 10～15 mm。

浸油深度确定后,根据油池深度和机器轴高尺寸(见附录表 A-6)系列,减速器的中心高即可由此确定,箱体底面内壁的位置也就由此确定。

绘制出箱体中心和底面位置的视图如图 6-31 所示,本实例中,H＝147 mm(为了将减速器中心高取标准数值,147 mm＋8(底面壁厚) mm＋5(底面凸台) mm＝160 mm)。

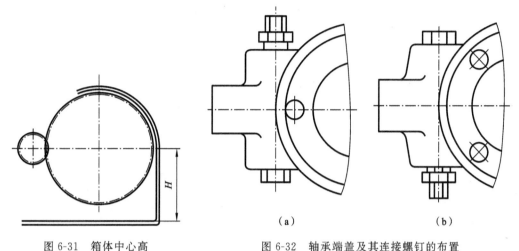

图 6-31　箱体中心高　　　　　　　　　図 6-32　轴承端盖及其连接螺钉的布置

3) 绘制主视图上的轴承端盖

轴承端盖的外径一般取为轴承孔直径 $D+(5～5.5)d_3$(d_3 为端盖螺钉直径,见表 6-2 及表 6-3)。

中小型轴承端盖螺钉的数目一般为 4 或 6 个,分布在直径为 $D+2.5d_3$(d_3 为端盖螺钉直径)的圆周上。需要注意的是,端盖螺钉不能布置在箱体与箱盖的结合面上,图 6-32(a)所示为错误的位置,图 6-32(b)所示为正确的布置。

本实例中,本小节之后箱体结构的草图绘制结果见图 6-42。

4) 绘制轴承旁连接螺栓凸台

对于剖分式箱体,轴承旁连接螺栓的位置应尽量靠近轴中心线,以增大连接刚度。一般取 $s＝$轴承盖外径 D_2(见图 6-33),并注意不要与轴承盖连接螺栓干涉,也不应与箱座凸缘面上的输油沟连通,以免漏油和油沟失去供油作用,如图 6-34 所示。用嵌入式轴承盖时,D_2 为轴承座凸缘的外径。

本实例中箱体因无输油沟,所以可以直接取 $s＝D_2$,并使连接螺栓避开端盖螺钉的位置。

两轴承座孔之间装不下两个螺栓时,可在两个轴承座孔之间装一个螺栓(见图 6-35)。

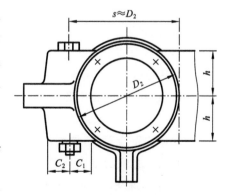

图 6-33　轴承端盖旁连接螺栓的位置

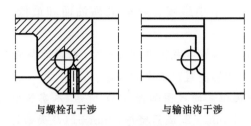

与螺栓孔干涉　　　　　　与输油沟干涉

图 6-34　螺栓孔与连接螺栓或输油沟干涉

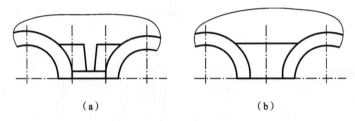

（a）　　　　　　　　　　　（b）

图 6-35　螺栓之间距离过近时应设置成一个

凸台高度的确定：在较大轴承旁的螺栓中心线确定之后，根据螺栓直径 Md_1 所需的扳手空间 C_1 和 C_2 值，用作图法作出凸台高 h（见图 6-36），并将高度值圆整为较大的标准数。其他较小轴承座孔凸台的高度，均设计成与此凸台等高，以方便制造。凸台侧面的拔模斜度一般取 $1:20$。

5）绘制箱盖顶部结构

对于铸造箱体，箱盖顶部一般为圆弧形。大齿轮一侧的箱盖顶部圆弧半径是根据 $R = r_{a2} + \Delta_1 + \delta_1$ 的原则绘制的（见图 6-29），轴承孔座凸台一般不会凸出到此圆弧外侧。而在小齿轮一侧，若是仍按上述方法做出圆弧，往往会使小齿轮轴承座孔凸台超出箱盖顶部圆弧，破坏箱体的美观匀称，并导致轴承旁凸台的形状复杂。故一般以小齿轮一侧凸台不超过箱盖顶部外轮廓为原则，确定箱盖顶部圆弧半径（圆弧的圆心可以不在轴心处），然后据此绘制出箱盖内壁位置（见图 6-37）。

不过，也有小齿轮一侧凸台超出箱顶圆弧的结构，这种箱体的优点是结构紧凑。

初绘装配图时，在长度方向上，小齿轮一侧的内壁线尚未确定。现在就可根据主视图上的圆弧内侧的投影，画出小齿轮侧的内壁线。画出大、小齿轮两侧圆弧后，可作两圆弧的切线。如此，箱盖顶部轮廓就完全确定了（见图 6-38）。

6）绘制箱体箱盖凸缘和输油沟

为保证连接刚度，箱座和箱盖凸缘需具有足够的厚度（厚度 b、b_1 可查表 6-4 得到，一般为箱壁厚的 1.5 倍），凸缘宽可按轴承旁连接螺栓所需要的扳手空间 $C_1 + C_2$ 大小确定。箱盖、箱座箱体内壁应对齐，如图 6-39（a）所示。图 6-39（b）所示的结构会将油积存到箱座凸缘结合面上，导致润滑油向外渗出。

当减速器的轴承采用飞溅润滑时，箱座、箱盖和轴承端盖上需要开设输油沟（见图 5-3）。导油槽的结构有机械加工油沟（用圆柱铣刀或盘铣刀铣削）和铸造油沟（与箱体同时铸造）两种，如图 6-40 所示。机械加工油沟容易制造，工艺性好，故常用。小型单级减速器最好采用

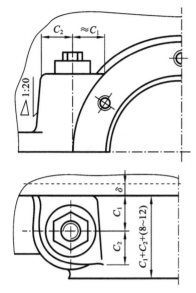

图 6-36 轴承端盖旁凸台高度的确定

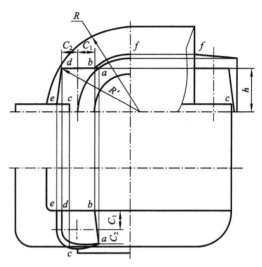

图 6-37 凸台的三视图投影关系
和箱盖顶部位置的确定

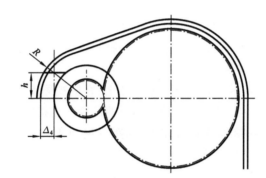

图 6-38 箱体顶部轮廓及小齿轮侧间隙的确定

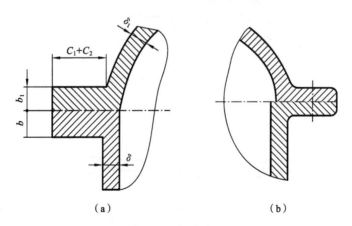

（a） （b）

图 6-39 箱盖凸缘

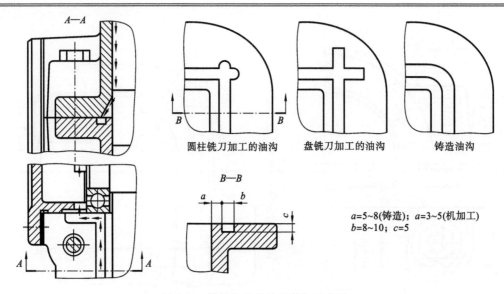

图 6-40　输油沟的结构及其加工方法

机械加工油沟。为了将润滑油引入输油沟,箱盖上必须同时加工出斜面,同时轴承端盖上也需做出油槽。

　　不需飞溅润滑的减速器,有时为了密封的需要(见图 6-22),也可在箱座凸缘上加工回油沟,以提高密封效果。此时箱盖上就不需做出斜面,轴承端盖上也不需加工导油槽。

　　7) 布置箱盖凸缘上的零件

　　箱体与箱盖凸缘上的零件主要体现在俯视图上,在侧视图上可补充表达这些零件的装配关系。为保证上、下箱连接的紧密性,箱体与箱盖凸缘上连接螺栓的间距不宜过大。对于中小型减速器来说,由于连接螺栓数目较少,间距一般为 100~150 mm,大型减速器可为 150~200 mm。在布置上尽量做到匀称,并注意不要与吊耳、吊钩和定位销等(见 6.5 节)干涉。

　　8) 绘制箱体底部凸缘和布置地脚螺栓

　　箱体底部凸缘承受很大的倾覆力矩,应很好地固定在机架或地基上。因此,所设计的地脚螺栓底座凸缘应具有足够的强度和刚度。常取凸缘的厚度 b_2 为 2.5δ(δ 为机座的壁厚),而凸缘的宽度按地脚螺栓直径 d_f,由扳手空间 C_1 和 C_2 大小确定,如图 6-41 所示。其中宽度 B 应超过机座的内壁位置,以增大结构的刚度。地脚螺栓孔间距不应太大,一般为 150~200 mm。地脚螺栓的数量通常取 4、6 或 8 个。

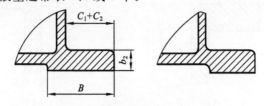

图 6-41　箱底凸缘的厚度和宽度

　　箱体主体结构在三视图上的体现如图 6-42 所示。

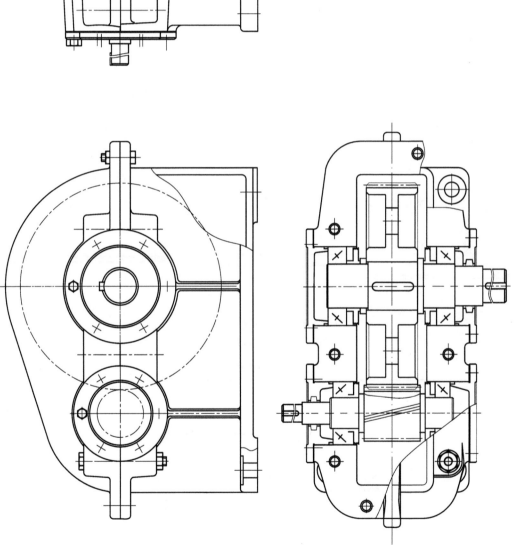

图 6-42　一级圆柱减速器箱体设计完成后的三视图

6.5 附件的结构设计

为了保证减速器能正常工作,除了对齿轮、轴、轴承组合和箱体的结构设计应给予足够的重视外,还应考虑为减速器的润滑油池注油、排油,检查油面高度,拆装时上下箱体的精确定位,吊运等的辅助零部件(附件)的合理选择和设计。

减速器附件通常包括观察孔、通气器、油面指示器(油标)、放油螺塞、定位销、启盖螺钉、起吊装置等。除窥视孔盖和吊耳的大小可自行设计外,其余附件为标准件,设计时适当选用即可。附件的结构设计包括选择标准附件的型号规格和设计附件的结构尺寸,并在箱体上设计出相应的安装结构。

在本书 2.2 节中介绍了减速器附件的功用,下面将介绍减速器上常见附件的类型和选用原则,以及箱体上安装附件处的相关结构形式。

1. 观察孔及其盖板

观察孔盖应具有密封性。孔盖的底部垫有纸质封油垫片,以防润滑油外渗和灰尘进入

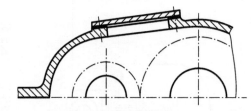

图 6-43 观察孔在机盖上的位置

箱体。为使孔盖能紧贴箱体,在箱盖上应设置凸台,如图 6-43 所示。孔盖常用铸铁或钢板制成,也可用薄板冲压或用钢板切割而成,如图 6-44 所示。中小型减速器观察孔及其盖板的结构和尺寸见表 6-5。减速器内的润滑油从观察孔注入,故需要时可在观察孔口加装一过滤网,以滤去油中的杂质。

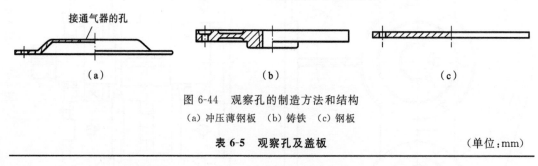

接通气器的孔

（a） （b） （c）

图 6-44 观察孔的制造方法和结构
（a）冲压薄钢板 （b）铸铁 （c）钢板

表 6-5 观察孔及盖板 （单位:mm）

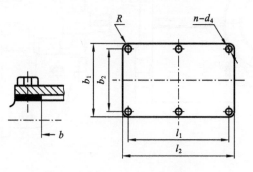

续表

减速器中心距	检查孔尺寸		检查孔盖尺寸						
a	b	L	b_1	l_1	b_2	l_2	R	孔径 d_4	孔数 n
100~150	50~60	90~110	80~90	120~140	$\frac{1}{2}(b+b_1)$	$\frac{1}{2}(L+l_1)$	5	6.5	4
150~250	60~75	110~130	90~105	140~160					
250~400	75~110	130~180	105~140	160~210				9	6

注：① 二级减速器 a 按总中心距计并应取偏大值；

　　② 检查孔盖用钢板制作时，厚度取 6 mm，材料 Q235；

　　③ b 为检查孔宽度，L 为检查孔长度。

2. 通气器

通气器多装在箱盖顶部或观察孔盖上，其常见类型和结构及尺寸见表 6-6。在表 6-6 中，通气器 1~3 的防尘和通气能力比较小，适用于发热小和环境清洁的小型减速器中；通气器 4 和 5 设有金属网，可防止停机后灰尘吸入箱体内，其尺寸也较大，通气能力较好，适用于较重要的减速器。

表 6-6　通气器　　　　　　　　　　　　　（单位：mm）

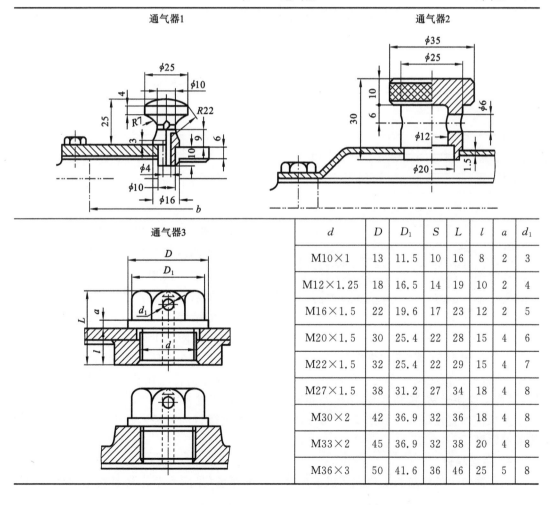

d	D	D_1	S	L	l	a	d_1
M10×1	13	11.5	10	16	8	2	3
M12×1.25	18	16.5	14	19	10	2	4
M16×1.5	22	19.6	17	23	12	2	5
M20×1.5	30	25.4	22	28	15	4	6
M22×1.5	32	25.4	22	29	15	4	7
M27×1.5	38	31.2	27	34	18	4	8
M30×2	42	36.9	32	36	18	4	8
M33×2	45	36.9	32	38	20	4	8
M36×3	50	41.6	36	46	25	5	8

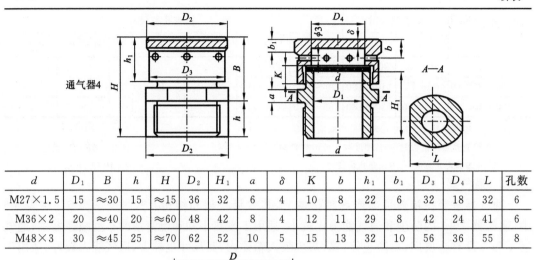

通气器4

d	D_1	B	h	H	D_2	H_1	a	δ	K	b	h_1	b_1	D_3	D_4	L	孔数
M27×1.5	15	≈30	15	≈15	36	32	6	4	10	8	22	6	32	18	32	6
M36×2	20	≈40	20	≈60	48	42	8	4	12	11	29	8	42	24	41	6
M48×3	30	≈45	25	≈70	62	52	10	5	15	13	32	10	56	36	55	8

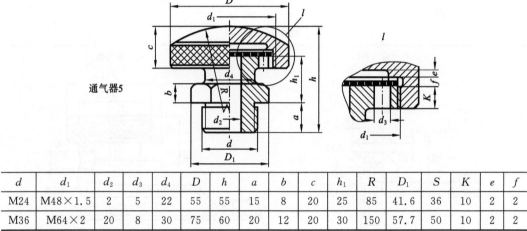

通气器5

d	d_1	d_2	d_3	d_4	D	h	a	b	c	h_1	R	D_1	S	K	e	f
M24	M48×1.5	2	5	22	55	55	15	8	20	25	85	41.6	36	10	2	2
M36	M64×2	20	8	30	75	60	20	12	20	30	150	57.7	50	10	2	2

注:S 为螺母扳手宽度。

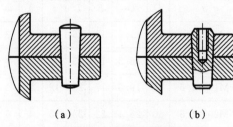

（a）　　　　　（b）

图 6-45　圆锥形定位销

3. 定位销

定位销有圆柱形和圆锥形两种,如图 6-45 所示。圆柱销加工简单,而圆锥销在经多次拆卸后仍能保证装配精度。为便于拆卸,可选用端部有螺孔的结构,如图 6-45(b)所示。各种销的标准规格可查附表 I-2。

定位销安装在箱体分箱面凸缘长度方向的两侧,两销的间距应设置得大一些,但不宜对称布置。定位销孔应在箱盖和箱座紧固后钻、铰,其位置应便于钻、铰和拆装,不应与箱壁和邻近螺钉相碰。

定位销的直径可取 $d=(0.7\sim0.8)d_2$(d_2 为凸缘上螺钉的直径),长度应大于分箱面凸缘的总厚度。

4. 启盖螺钉

启盖螺钉上的螺纹长度要大于机盖连接凸缘的厚度(见图 6-46),螺杆端头应做成圆柱形、大倒角或半圆形,以免损坏螺纹。

5.油面指示器

油面指示器又称油标,一般安装在油面较稳定且便于观察的地方,如低速级传动附件的箱体上,其安装高度应能使其测量出最高和最低油面高度为宜(见 6.4.2 节第 3 项之 2))。

用于减速器的油标各式各样,下面介绍常见的几种类型。

1)油标尺

一般多使用带有螺纹的油标尺。设计时应注意游标尺的安装高度和倾斜位置。若油标尺安装得太低或太过倾斜,则箱内的油易于溢出;若油标尺安装得太高或倾斜程度过小,则油标尺难于插拔,且插座上的插孔也难以加工(见图 6-47)。油标尺的结构尺寸见表 6-7。

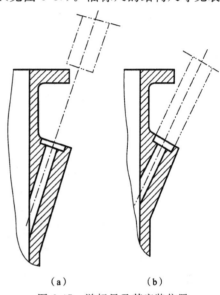

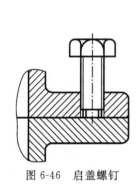

图 6-46　启盖螺钉

图 6-47　游标尺及其安装位置

表 6-7　油标尺　　　　　　　　　　　　(单位:mm)

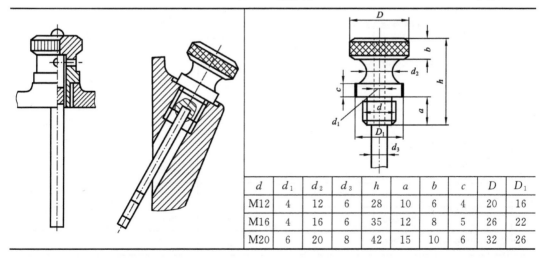

d	d_1	d_2	d_3	h	a	b	c	D	D_1
M12	4	12	6	28	10	6	4	20	16
M16	4	16	6	35	12	8	5	26	22
M20	6	20	8	42	15	10	6	32	26

注:表中左图为具有通气孔的油标尺。

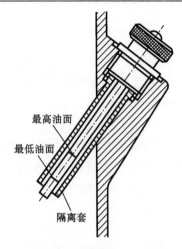

最高油面

最低油面

隔离套

图 6-48　带隔离套的油标尺

油标尺的结构简单,可用于各种减速器中。测油时,需取出油标尺通过刻度线来观察。若采用带隔离套的设计时可不停机检查(见图6-48)。

2)圆形及管状油标

减速器离地面较高容易观察时,或箱座较低无法安装油标尺时,可采用透明的圆形及管状油标,这两种油标中的观察件是用透明材料制成的,通过其可直接观察油面高度。圆形油标安装时采用压配式结构,其尺寸及安装结构如表 6-8 所示。管状油标用螺纹结构连接在箱壁上,安装容易。

表 6-8　圆形及管状油标 （单位:mm）

1. 圆形油标(GB 1160.1—1989)

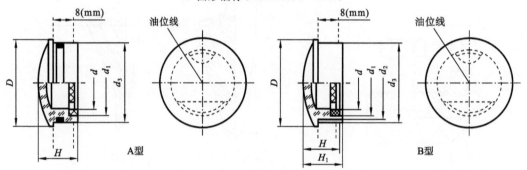

8(mm)　油位线　　8(mm)　油位线

A型　　　　　B型

标记示例　视孔 $d=32$ mm、A 型压配式圆形油标的标记:油标 A32 GB 1160.1—1989

d	D	d_1		d_2		d_3		H	H_1	O形密封圈 (GB/T 3452.1 —2005)
		尺寸	极限偏差	尺寸	极限偏差	尺寸	极限偏差			
12	22	12	−0.050	17	−0.050 −0.160	20	−0.065	14	16	15×2.65
16	27	18	−0.160	22	−0.065	25	−0.195			20×2.65
20	34	22	−0.065	28	−0.195	32		16	18	25×3.55
25	40	28	−0.195	34	−0.080	38	−0.080 −0.240			31.5×3.55
32	48	35	−0.080	41	−0.240	45		18	20	38.7×3.55
40	58	45	−0.240	51		55	−0.100			48.7×3.55
50	70	55	−0.100	61	−0.100 −0.290	65	−0.290	22	24	
63	85	70	−0.290	76		80				

续表

	标记示例
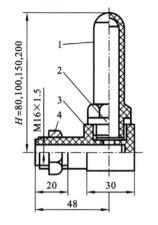2. 管状油标(GB 1162—1989)	油标 150 GB 1162—1989(*H*=150 的管状油标)
	材　料
	1—透明锦纶 1010 2—白色聚氯乙烯 3—透明锦纶 1010 4—A3

3) 油面指示螺钉

如图 6-49 所示的油面指示螺钉结构简单,安装方便。两个螺钉分别用来观测最高油面和最低油面。拧动螺钉,观察有无油液流出即可判断油面高度是否合适。

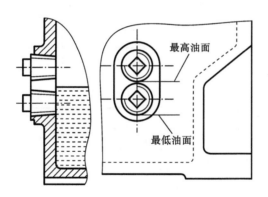

图 6-49　油面指示螺钉

6. 放油孔和螺塞

放油孔应设置在箱座内底面最低处,以便将污油放尽。箱座内底面常做成 1°～1.5°倾斜面,在油孔附近做成凹坑,以便污油的汇集而排净。图 6-50 所示为几种放油孔的位置,其中图(a)所示的孔过高,排油不净,图(b)和图(c)所示的位置正确。

螺塞有六角头圆柱细牙螺纹和圆锥螺纹两种。圆柱螺纹的螺塞自身不能防止漏油,应在六角头与放油孔接触处加油封垫片。而圆锥螺纹带有密封功能,不需设置防漏垫片。螺

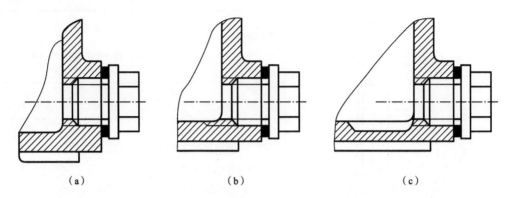

（a）　　　　　　　　（b）　　　　　　　　（c）

图 6-50　放油螺塞及放油孔的位置

（a）不正确　（b）可用　（c）正确

塞直径可按减速器箱体壁厚的 $2\sim2.5$ 倍选取。

为了安装螺塞，箱体上放油孔外侧应有 $3\sim5$ mm 的凸起，以便于加工。

表 6-9 所示为六角头圆柱细牙螺纹螺塞和封油垫圈的尺寸。

7. 起吊装置

起吊装置包括吊环螺钉或吊耳和吊钩。吊环螺钉装在箱盖上，用来拆卸和吊运箱盖。吊环螺钉为标准件，使用时可先估计减速器质量，再根据附录表 H-13 选择吊环螺钉规格。

表 6-9　六角螺塞及油封尺寸　　　　　　　　（单位:mm）

d	M14×1.5	M16×1.5	M20×1.5	M24×2	M27×2
D_0	22	26	30	34	38
L	22	23	28	31	34
l	12	12	15	16	18
a	3	3	4	4	4
D	19.6	19.6	25.4	25.4	31.2
s	17	17	22	22	27
D_1			$\approx0.95s$		
d_1	15	17	22	26	29
H		2		2.5	

注:封油圈材料——耐油橡胶、耐油橡胶石棉板、工业用皮革;螺塞材料——Q235。

为保证足够的承载能力,吊环螺钉必须完全拧入,使其台肩抵紧箱盖上的支承面。为此,箱盖上的螺钉孔必须局部锪平,如图 6-51 所示。图 6-51(c)所示的螺钉孔工艺性较好。

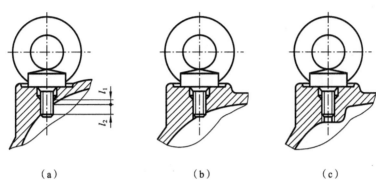

图 6-51 吊环螺钉及其安装

(a) 不正确(l_1 过短;l_2 过长) (b) 可用 (c) 正确

吊环螺钉除了用来拆卸箱盖,也可用来吊运轻型减速器。但采用吊环螺钉会使机加工工序增加,故常在箱盖上直接铸出吊耳或吊钩,其结构尺寸见图 6-52(a)和(b)。箱座两端也可铸出吊钩,用以起吊或搬运较重的减速器,如图 6-52(c)所示。

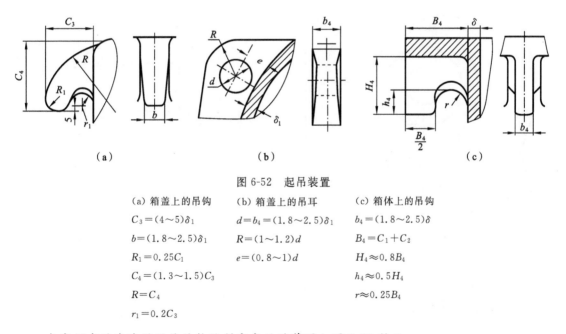

图 6-52 起吊装置

(a) 箱盖上的吊钩   (b) 箱盖上的吊耳   (c) 箱体上的吊钩

(a) 箱盖上的吊钩	(b) 箱盖上的吊耳	(c) 箱体上的吊钩
$C_3 = (4 \sim 5)\delta_1$	$d = b_4 = (1.8 \sim 2.5)\delta_1$	$b_4 = (1.8 \sim 2.5)\delta$
$b = (1.8 \sim 2.5)\delta_1$	$R = (1 \sim 1.2)d$	$B_4 = C_1 + C_2$
$R_1 = 0.25C_1$	$e = (0.8 \sim 1)d$	$H_4 \approx 0.8B_4$
$C_4 = (1.3 \sim 1.5)C_3$		$h_4 \approx 0.5H_4$
$R = C_4$		$r \approx 0.25B_4$
$r_1 = 0.2C_3$		

本实例中的减速器附件结构绘制完成后的草图如图 6-53 所示。

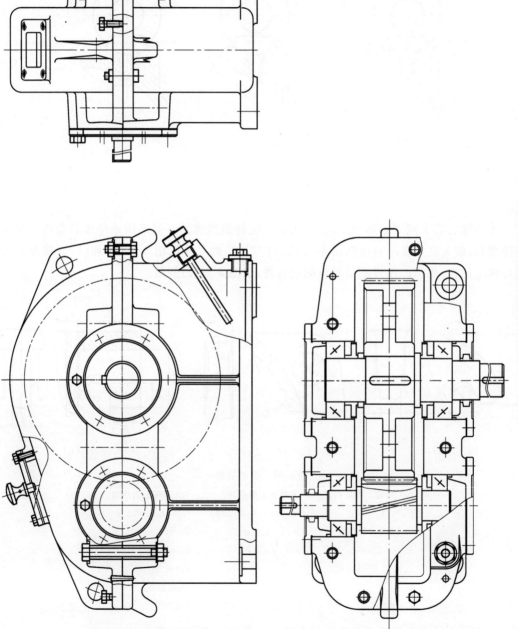

图 6-53 一级圆柱减速器箱体设计完成后的三视图

第7章 减速器装配图绘制

装配图是制造、安装、使用和维护等环节的指导性技术文件,也是零件图的设计依据。完整的减速器装配图应包括:按国家标准绘制的完整视图,必要的尺寸标注,零部件序号,标题栏和明细表,技术要求,减速器技术特性表等。本章将叙述如何补充和完善上述各项内容。

7.1 检查和修改装配草图

在结构设计阶段绘制出的视图已将减速器各零部件的结构及其关系确定出来,但作为完整的减速器视图,还应对所设计的结构和绘制的视图进行认真的检查和改进。因为在所设计的结构中,可能在零部件间存在某些不协调,如尺寸干涉等;或在制造或装配工艺方面存在不妥之处;再者,可能还有某些局部结构表达不恰当、某些尺寸还需进一步圆整等。

一般先从箱内零件开始检查,然后扩展到箱外附件;先检查齿轮、轴、轴承及箱体等主要零件,然后检查其余零件。应将三个视图对照起来共同检查,检查的内容如下。

(1)总体布置与传动方案简图是否一致 若不一致,应在绘制装配图时加以修正。

(2)轴上零件的轴向定位和周向定位是否可靠 轴肩高度是否合适,是否留有轴向压紧空间,键连接设计是否合理。

(3)保证轴上零件能按顺序装拆 注意轴承的定位轴肩不能高于轴承内圈高度,联轴器与轴承端盖之间的距离应保证轴承盖上的连接螺栓能顺利拆下等。

(4)轴承是否有可靠的游隙或调整间隙的措施。

(5)用油润滑轴承时,输油沟是否能将油顺利输入轴承;用脂润滑轴承时,是否安装挡油盘。

(6)各处密封是否可靠 如轴承端盖与箱体之间,透盖与轴之间,箱盖与箱座之间,观察窗口处,放油螺塞处,油标与箱体间等处。

(7)油面高度是否符合要求。

(8)齿轮与箱体内壁的距离是否合适。

(9)箱体凸缘宽度是否有足够扳手活动的空间。

(10)铸造零件(如箱体、箱盖、端盖等)上的安装面是否设计成减少加工面的结构,如凸台、凹坑等。

(11)结构尺寸有无互相干涉 如连接螺栓的位置与输油沟或与其他连接件之间是否干涉、端盖安装后是否会互相重叠、油标是否能顺利安装拆卸等。

表 7-1 至表 7-3 所示为减速器结构设计中常见的错误。

表 7-1 轴系结构设计错误示例

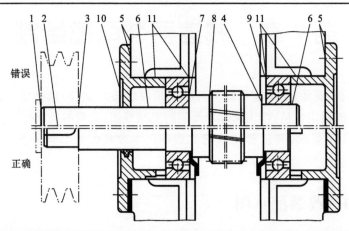

错误分析	错误类别	错误编号	说　　明
错误分析	轴上零件的定位问题	1	与带轮相配处轴端应短些,否则带轮左侧轴向定位不可靠
		2	带轮未周向定位
		3	带轮右侧没有轴向定位
		4	右端轴承左侧没有轴向定位
	工艺不合理问题	5	无调整垫圈,无法调整轴承游隙;箱体与轴承端盖接合处无凸台
		6	精加工面过长,且装拆轴承不便
		7	定位轴肩过高,影响轴承拆卸
		8	齿根圆小于轴肩,未考虑插齿加工齿轮的要求
		9	右端的角接触球轴承外圈有错,排列方向不对
	润滑与密封问题	10	轴承透盖中未设计密封件,且与轴直接接触,缺少间隙
		11	输油沟中的油无法进入轴承,且会经轴承内侧流回箱内

表 7-2 箱体轴承座设计正误示例

正误图例	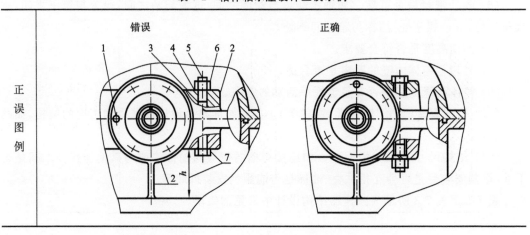

续表

	错误编号	说　　明
错误分析	1	轴承盖螺钉不能设计在剖分面上
	2	轴承座、加强肋及轴承座旁凸台未考虑拔模斜度
	3	普通螺栓连接的孔与螺杆之间没有间隙
	4	螺母支承面及螺栓头部与箱体接合面处没有加工凸台或沉头座
	5	连接螺栓距轴承座中心较远，不利于提高连接刚度
	6	螺栓连接没有防松装置
	7	箱体底座凸缘至轴承座凸台之间空间高度 h 不够，螺栓无法由下向上安装

表 7-3　齿轮减速器箱体和附件结构正误示例

错 误 图 例	正 确 画 法	错 误 分 析
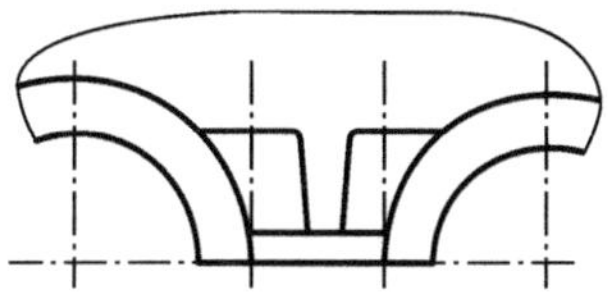	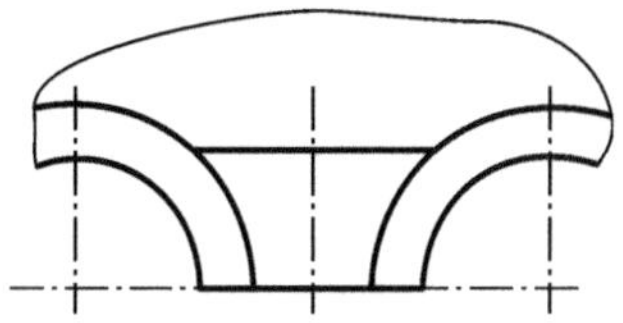	高度相同、距离很近的凸台应连在一起，以便于取模
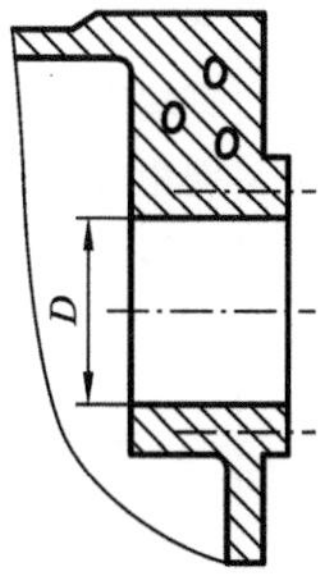	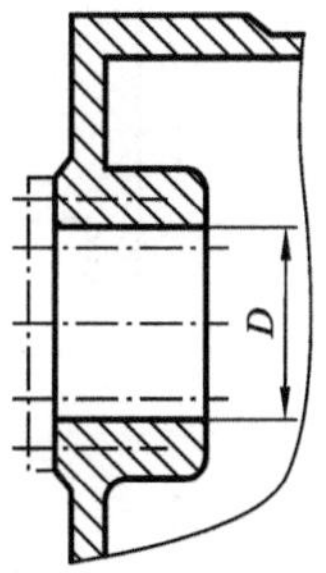	各部分壁厚应均匀，局部金属堆积容易形成缩孔
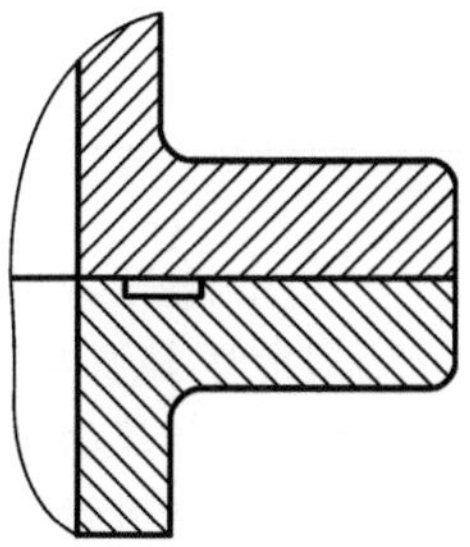	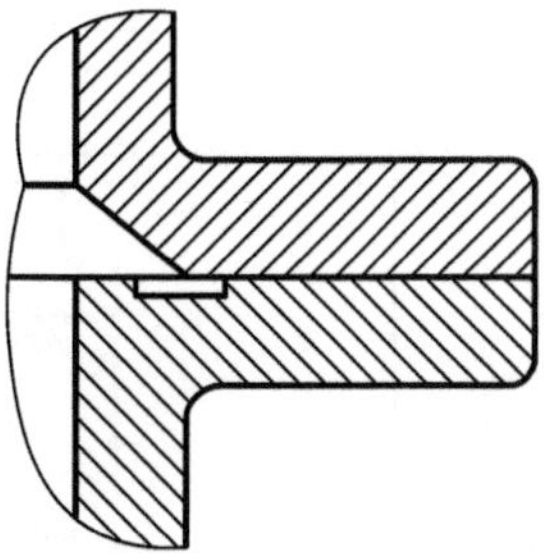	当轴承采用飞溅润滑时，箱盖上应加工出斜面，便于润滑油沿斜面流入输油沟内（当油沟是用来密封时，则不需斜面）

错误图例	正确画法	错误分析
		游标尺座的倾斜角度应便于加工和取放。该角度常取 45°
		凸缘上与连接件接触处应加工出凸台或凹坑,以免出现偏心载荷
	启盖螺钉	启盖螺钉的长度应大于凸缘厚度,下箱凸缘上不应制造螺纹;螺钉端部应做成圆柱、大倒角或半圆形,以免损坏螺纹
		为便于拆装,定位销应出头;也可选择带有内螺纹或外螺纹的定位销
		当轴承采用飞溅润滑时,输油沟应开到轴承盖端部;轴承盖端部同时应开设导油环槽和导油口

续表

错　误　图　例	正　确　画　法	错　误　分　析
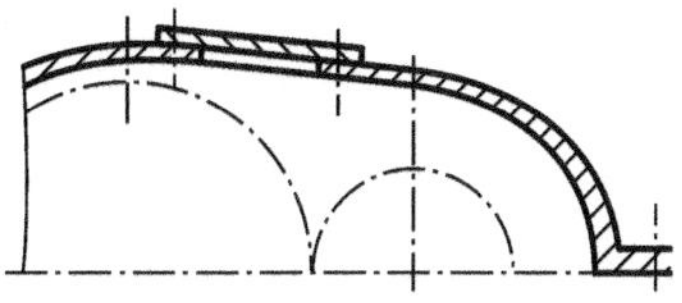	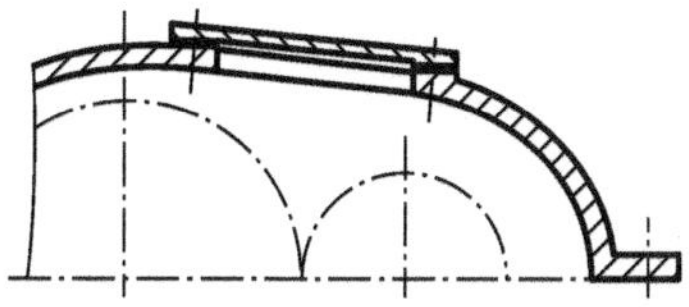	观察孔的位置应位于两齿轮啮合处上方；箱盖上与观察孔盖接触处应做成凸台；观察孔盖与箱盖结合处应加装密封垫片

7.2　完善各视图

减速器装配图一般选用两个或三个基本视图，必要时可加辅助剖面、剖视图或局部视图。尽量将减速器的工作原理和主要装配关系集中表达在一个基本视图——俯视图上，有些内部结构或某些附件的详细结构可采用局部视图、局部剖视图或向视图表示。

装配图绘制好后，先不要加深，待零件工作图设计完成后，对装配图中结构或尺寸做必要的修改后，再加深完成装配图。

本实例中，修改完善后的装配图如附录图 L-1.1 所示。

7.3　尺寸标注

由于装配图是装配、安装及包装减速器时所依据的图样，因此在减速器装配图上应标注出以下四类尺寸。

（1）特性尺寸　表明减速器的性能、规格和特性的尺寸，如齿轮中心距及其偏差（中心距偏差可根据齿轮副的精度等级值查附录表 D-12。本实例中由中心距 145 mm 和精度 8 查得中心距极限偏差为 31.5 μm）。

（2）配合尺寸　配合尺寸是表明各配合零件之间配合关系的尺寸，如齿轮与轴，轴与轴承，轴承与轴承座孔等的配合尺寸。表 7-4 所示为供参考的减速器主要零件的推荐配合。大多数情况下选择的装配方法要以配合性质和精度为依据。

（3）外形尺寸　减速器的总长、总宽、总高尺寸。

（4）安装尺寸　包括减速器的中心高，输入和输出轴外伸端的直径和长度，箱体底面的长、宽、厚度尺寸，地脚螺栓孔直径及其定位尺寸。

标注尺寸时，要将尺寸线布置整齐、清晰，并尽可能集中标注在反映主要结构关系的视图上。多数尺寸应标注在视图图形的外边，数值应书写工整。

本实例中标出上述各项尺寸标注如附录图 L-1.1 所示。

表 7-4 一级圆柱齿轮减速器配合零件间的荐用配合

配 合 零 件	荐 用 配 合	装 拆 方 法
一般情况下的齿轮、带轮、链轮、联轴器与轴的配合	$\dfrac{H7}{r6}$；$\dfrac{H7}{n6}$；$\dfrac{H7}{k6}$	温差法或用压力机
滚动轴承内圈孔与轴、外圈与箱体孔的配合	内圈与轴：j6；k6 外圈与孔：H7	温差法或用压力机
轴承、挡油盘、溅油轮与轴的配合	$\dfrac{D11}{k6}$；$\dfrac{F9}{k6}$；$\dfrac{F9}{m6}$；$\dfrac{H8}{h7}$；$\dfrac{H8}{h8}$	徒手装配与拆卸
轴承套杯与箱体孔的配合	$\dfrac{H7}{js6}$；$\dfrac{H7}{h6}$	
轴承盖与箱体孔(或套杯孔)的配合	$\dfrac{H7}{d11}$；$\dfrac{H7}{h8}$	

7.4 零件序号、标题栏和明细表

为便于读图、装配和做好生产准备工作,必须对装配图上每个不同的零件、部件进行编号。同时编制出相应的标题栏和明细表。

1. 零件序号的编注

零件序号的编写和标注应符合我国机械制图相关标准的规定,避免出现遗漏和重复。编号时应将所有零件按顺序整齐排列,对于形状、尺寸及材料完全相同的零件应编写为一个序号。对于装配关系明显的零件组,如螺栓、螺母及垫圈这样的零件组,可利用一个公用的指引线,但应分别给予编号。指引线的画法如图 7-1 所示。

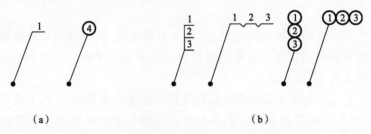

图 7-1 零件序号的标注和指引线的画法
(a) 单个零件序号及其指引线 (b) 一组零件序号及其指引线

引线用细实线引到视图的外面,并沿水平方向和垂直方向、以顺时针或逆时针方向排列整齐,引线之间不应相交,也不要画成水平线或竖直线,更不应该与视图中的剖面线平行。

零件序号要求字体工整,字高比尺寸数字大一号或两号。

2. 标题栏和明细表

标题栏应布置在视图的右下角,用来说明减速器的名称、视图比例、件数、质量和图号。

明细表中应列出减速器所有零件的详细内容,其中应注明各零部件的序号、名称、数量、材料及标准规格等。填写明细表的过程也是最后确定各零部件的材料和选定标准件的过程。应尽量减少材料的品种和标准件的规格种类。

明细表应自下而上按顺序填写。各标准件均须按规定标记书写,材料应注明牌号。

标题栏和明细表的格式及填写方法如附图中各装配图例所示。需要说明的是,各院校所使用的格式会略有区别,而企业中使用的标题栏和明细表格式是根据自身管理需要而编制的,但应基本符合国家标准的规定。

明细表一旦填写后,用尺规画图时添加或删除零件等修改很不方便,因此建议先在装配草图上编写好序号,确定无误后再填到装配工作图的明细表中。

7.5 技术特性和技术要求

1. 技术特性

技术特性应包括输入功率(和输出功率)及转速、传动效率、总传动比及各级传动比等,可列表表示。如表 7-5 所示为一级圆柱齿轮减速器的技术特性示例。

表 7-5 一级圆柱齿轮减速器的技术特性示例

输入功率 /kW	输入转速 /(r/min)	传动效率 /(%)	总传动比 i	传 动 特 性				
				m_n	z_1	z_2	β	精度等级

2. 技术要求

对减速器的装配、调整、润滑、检验和维护等方面的技术要求,应该在装配图上以标准符号或以文字形式注明。以文字形式的技术要求应写在明细表的上方或左方。下面是技术要求的具体内容。

1) 安装和调试要求

安装轴两端的滚动轴承时,受载较大的一端轴承内圈应贴紧轴肩和定位环,受载较小的另一端轴承应留有 0.2～0.4 mm 的轴向游隙(见 5.3.1 节第 3 项及表 5-2、表 5-3)。

2) 齿轮啮合侧隙和接触斑点要求

齿轮啮合时,非工作面间应留有侧隙,以防止齿轮副因误差和热变形而卡住,并有利于齿面间形成油膜。齿轮安装后,必须保证齿轮副法向间隙的最小极限值 j_{nmin} 和最大极限值 j_{nmax}。本实例中的齿轮副最小侧隙数值为 0.14 mm(从附录表 D-4 中查得)。

侧隙的检查方法是将塞尺或铅片塞进互相啮合的两齿间,再测量塞尺厚度或铅片变形后的厚度。

接触斑点是由传动件的精度等级决定的,具体数值可查附录表 D-13(查得本实例中,8级精度齿轮的接触斑点要求为:齿高方向上不小于 40%,齿宽方向上不小于 50%)。接触斑点的检查:通常是在主动齿轮的齿面上涂色,将齿轮副旋转 2～3 周,观察从动齿轮齿面的着色面积和着色位置是否符合精度要求。

如果接触斑点的检查不符合要求,应调整齿轮副的啮合位置,或对齿轮进行刮研及进行负载跑合,以提高装配精度。

3）减速器的密封要求

箱体剖分面、各接触面及密封处均不允许出现漏油和渗油。剖分面上允许涂密封胶或水玻璃,但不允许塞入任何垫片或填料。为此,在拧紧连接螺栓前,应该用 0.05 mm 的塞尺检查其密封性。

4）润滑剂的牌号和用量

润滑剂具有散热、冷却及减少摩擦和磨损的作用,对传动性能有很大的影响。在技术要求中要标出齿轮和轴承所用的润滑剂牌号、用量、补充及更换时间。润滑剂的选择和使用见 5.1 节。本实例中,根据附录表 G-1,查得齿轮所使用润滑油的运动黏度应为 118 mm²/s,再据此从附录表 G-2 中查得应使用全损耗系统用油 L-AN150(GB 443—1989);轴承中所使用的润滑脂的牌号从附录表 G-3 中选择钠基润滑脂 ZN-3(GB 492—1989)。

5）试验要求

减速器装配好后,在出厂前应对减速器进行试验。试验的规范和要求所达到的指标应在技术要求中给出。

试验分空载试验和负载试验两个阶段。一般情况下,空载试验在额定转速下正反转各 1 h,要求运转平稳,噪声小,连接固定处不得松动。负载试验时按 25%、50%、75%、100%、125% 逐渐加载,各运转 1~2 h,油池温升不得超过 35~40 ℃,轴承温升不得超过 40~50 ℃。

6）对包装、运输和外观的要求

对外伸轴及其零件需涂油并严密包装,机体表面应涂漆,对运输和装卸不可倒置等特殊要求应在技术要求中写明。

上述各项在本实例中的体现,见附录图 L-1.1 装配图中的技术要求和技术特性表。

7.6 检查装配图

完成装配工作图后,还应再做一次全面检查,其主要内容如下。

(1) 视图是否能清晰地表达减速器的工作原理和装配关系,投影关系是否正确。

(2) 各零件的结构是否合理,加工、装拆、调整、维护、润滑等是否可行和方便。

(3) 尺寸标注是否正确,配合和精度的选择是否适当。

(4) 技术要求、技术特性表是否完善、正确。

(5) 零件编号是否齐全,标题栏和明细表是否符合要求,有无多余和遗漏。

(6) 制图是否符合国家标准的规定。

第8章 零件图绘制

零件图是在完成装配图的基础上绘制的,它是制造、检验零件和制定工艺规程的基本技术文件,它既要反应设计者的意图,又要考虑制造的加工工艺性和表明加工要求。因此,一张完整的零件图应该包括反映制造和检验零件所需要的全部内容,即零件的结构图形、尺寸及其偏差、形位公差、表面粗糙度,对材料和热处理的说明及其他技术要求、标题栏等。

零件工作图的内容和具体要求如下。

1. 正确选择和布置视图

每个零件必须单独绘制在一张标准图幅中,应合理选择一组视图将零件的结构形状和尺寸完整、准确而又清晰地表达出来。在绘制时,尽量采用1:1的比例尺,以加强真实感,对于细小结构可采用局部放大视图表示。

2. 合理标注尺寸及偏差

标注尺寸时,要认真分析零件的设计要求和制造工艺,应以主要视图的尺寸标注为主,同时辅以其他视图标注,注意选择正确的尺寸基准,做到尺寸齐全,标注准确、清楚、不封闭、不重复,以免造成零件的报废。

对装配图中未标明的一些细小结构,如退刀槽、倒角、圆角和铸件壁厚的过渡尺寸等,在零件图中都应完整、正确地绘制出来。

3. 形位公差及表面粗糙度的标注

形位公差是评定零件加工质量的重要指标之一,在零件图上应标注出必要的形位公差,以保证减速器的装配质量及工作性能。形位公差的具体数值及标注方法可参阅有关手册和图册。

表面粗糙度的选择会影响零件表面的耐磨性、耐蚀性以及零件的抗疲劳能力和配合性质,同时还会影响零件的加工工艺性和制造成本。零件的所有表面都要标注表面粗糙度,以便于制订加工工艺;对重要的表面应单独标注表面粗糙度值。如果较多的表面具有相同的表面粗糙度数值时,为了简便,可在图样标题栏附近统一标注。

4. 编写技术要求

技术要求是指一些不便在图样上用图形或符号表示,但在制造时又必须确保的技术要求,应根据零件具体要求而定。

5. 绘制并填写标题栏

在图样右下角应画出标题栏,注明零件的图号、名称、材料和件数及绘图比例尺等内容。标题栏格式可按各自学校的通用格式绘制和填写,或参照附录图L-1.2中各零件图的标题栏格式。

8.1 轴类零件图绘制要点

8.1.1 视图

根据轴类零件的结构特点,一般只需要绘制一个视图,即将轴线水平横置,且使键槽朝上,以便能表达轴类零件的外形和尺寸;再在键槽、圆孔等处应加画辅助的剖视图。对于零件的细部结构,如退刀槽、砂轮越程槽、中心孔等处,必要时可画局部放大图。

8.1.2 尺寸标注

轴类零件大多都是回转体,因此尺寸标注的主要任务是标注径向尺寸和轴向尺寸。标注轴的直径和长度时,应特别注意有配合关系的部分。

标注径向尺寸时,应以轴线为基准,凡有配合处的径向尺寸都应标注相应的尺寸偏差,偏差值按照装配图上的配合性质来查取。当轴上有几段直径相同时,都应逐一标注,不得省略。即使是倒角、圆角,也应该标注,或者在技术要求中予以说明。

标注轴向尺寸时,需要考虑基准面和尺寸链的问题。一般减速器的轴系结构中,设置有调整轴向位置的环节,如垫片、轴向游隙等,所以轴在减速器中的轴向位置并不要求很精确(正因为如此,小齿轮的齿宽比大齿轮的齿宽大),所以在选择轴向尺寸基准时,主要考虑工艺要求,适当结合设计要求。

通常将直径最大的轴肩宽度留作为尺寸链的开环,避免了封闭的尺寸链。

图 8-1 所示为本实例减速器输出轴的长度尺寸的标注实例。

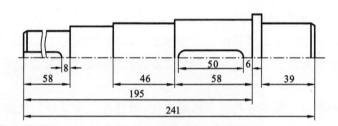

图 8-1 低速轴的尺寸标注

8.1.3 公差

轴的重要尺寸,如安装齿轮、链轮及联轴器部位的直径,均应依据装配图上所选定的配合性质,查出公差值标注在零件图上;轴上装轴承部位的直径公差,应根据轴承与轴的配合性质,查有关公差表后加以标注;键槽尺寸及公差应依据键连接公差的规定进行标注。

轴类零件除需标注上述各项尺寸公差外,还需要标注必要的形位公差,以保证轴的加工精度和轴的装配质量。表 8-1 列出了轴的形位公差的推荐标注项目和公差等级。形位公差的具体数值见有关标准。

表 8-1　轴的形位公差推荐标注项目和公差等级

类　别	标 注 项 目	符　号	公差等级	对工作性能的影响
形状公差	与滚动轴承相配合的轴颈的圆柱度	⌀	7～8	影响轴承与轴的配合松紧及对中性,也会改变轴承内圈跑道的几何形状,缩短轴承寿命
位置公差	与滚动轴承相配合的轴颈表面对中心线的圆跳动	⌀	6～8	影响传动件及轴承的运转(偏心)
	轴承的定位端面相对轴中心线的端面圆跳动		6～7	影响轴承的定位,造成轴承套圈歪斜;改变跑道的几何形状,恶化轴承的工作条件
	与齿轮等传动零件相配合表面对中心线的圆跳动		6～8	影响传动件的运转(偏心)
	齿轮等传动零件的定位端面对中心线的垂直度或端面圆跳动		6～8	影响齿轮等传动零件的定位及其受载均匀性
	键槽对轴中心线的对称度(要求不高时可以不注)	＝	7～9	影响键的受载均匀性及装拆的难易

8.1.4　表面结构要求

轴的各表面都要加工,这是由于轴的各部分精度不同,加工方法不同,表面结构要求也不同。与轴承相配合的表面及轴肩端面的粗糙度参考表 8-2 选择,其他表面粗糙度数值可按照表 8-3 中的推荐值来选择。

表 8-2　配合表面的表面粗糙度值

轴与轴承座直径 /mm		轴与外壳孔配合表面直径公差等级								
		IT7			IT6			IT5		
		表面粗糙度值/μm								
超过	到	Rz	Ra		Rz	Ra		Rz	Ra	
			磨	车		磨	车		磨	车
＜80	80	10	1.6	3.2	6.3	0.8	1.6	4	0.4	0.8
80	500	16	1.6	3.2	10	1.6	3.2	6.3	0.8	1.6
端面		25	3.2	6.3	25	3.2	6.3	10	1.6	3.2

表 8-3　轴加工表面粗糙度的推荐值

加 工 表 面	表面粗糙度值 $Ra/\mu m$
与传动件及联轴器等轮毂相配合的表面	3.2～1.6
与 G、E 级滚动轴承相配合的表面	1.0(轴承内径 $d \leqslant 80$ mm) 1.6(轴承内径 $d > 80$ mm)

续表

加 工 表 面	表面粗糙度值 $Ra/\mu m$		
与传动件及联轴器相配合的轴肩表面	3.2～1.6		
与滚动轴承相配合的轴肩表面	2.0		
平键键槽	3.2～1.6(工作面),6.3(非工作面)		
与轴承密封装置相接触的表面	毡封油圈	橡胶油封	间隙及迷宫式
	与轴接触处的圆周速度/(m/s)		3.2～1.6
	≤3	>3～5	>5～10	
	1.6～0.8	0.8～0.4	0.4～0.2	
螺纹牙工作面	0.8(精密精度螺纹),1.6(中等精度螺纹)		
其他表面	6.3～3.2(工作面),12.5～6.3(非工作面)		

8.1.5　技术要求

轴类零件图的技术要求主要包括如下内容。

（1）对材料的力学性能和化学成分的要求及允许代用的材料等。

（2）对材料表面性能的要求,如热处理方法、热处理后的硬度、渗碳层深度及淬火深度等。

（3）对机械加工的要求,如是否保留中心孔,如果零件图上未画出中心孔,应在技术要求中注明中心孔的类型及国家标准代号,或在图上作出指引线标注。

（4）对图中未注明的圆角、倒角的说明,个别部位的修饰加工要求,以及对较长的轴要求毛坯校直等。

（5）对未注公差尺寸的公差等级要求。

8.1.6　参考图例

本实例中的高、低速轴零件图见附录图 L-1.2。

8.2　齿轮类零件图绘制要点

齿轮类零件包括齿轮、蜗杆和蜗轮等。这类零件的零件图中除了图形和技术要求外,还应有啮合特性表,一般标注在图样的右上角。

8.2.1　视图

齿轮类零件图一般需要两个视图表达。主视图可按轴线水平布置,且用全剖或半剖视图表示孔、键槽、轮毂、轮辐及轮缘等的基本结构;左视图可以画出齿轮轮廓形状和轴孔、键槽、轮毂、轮缘结构。为了表达齿形的有关特征及参数(如蜗杆的轴向齿距等),必要时应画出局部剖视图。若蜗轮为组合式结构,则需要分别画出齿圈、轮芯的零件图及蜗轮的组件图。总之,齿轮类零件图的视图安排与轴类零件图的视图安排类似。

8.2.2　尺寸标注

为了保证齿轮加工的精度和有关参数的测量,标注齿轮时要考虑到基准面,并规定基准面的尺寸和形位公差。齿轮类零件的轴孔和端面是加工、测量和安装时的重要基准,尺寸精度要求高,应根据装配图上选定的配合性质和公差精度等级,查公差表标出各极限偏差值。对于齿轮轴,一般以中心孔作为基准。只有当零件刚度较低或齿轮轴较长时,才以轴颈作为基准。

对齿轮零件主要标注径向和轴向尺寸。各径向尺寸按回转体尺寸的标注方法进行,以轴的中心线为基准,齿轮的分度圆直径虽不能直接测量,但它是设计计算的基本尺寸,因此其尺寸及偏差数值也应标注。齿顶圆直径、轮毂直径、轮辐(或辐板)等尺寸,都应该标注在图样上,而齿根圆直径是由其他参数加工后得到的,故不予标注。轴向尺寸(即齿宽方向)以端面为基准进行标注。标注键槽的尺寸时,应标注相应的尺寸偏差。在标注各圆角、倒角、斜度、锥度等尺寸时,不要遗漏和重复。

8.2.3　表面质量要求

表 8-4 所示为齿轮表面粗糙度 Ra 的推荐值。

表 8-4　齿轮表面粗糙度推荐值

加　工　表　面	表面粗糙度值 $Ra/\mu m$		
	齿轮第 Ⅱ 公差组精度等级		
	7	8	9
圆柱齿轮轮齿工作面	1.6～0.8	3.2	6.3
齿顶圆	12.5～3.2		
轴孔	3.2～1.6		
与轴肩配合的端面	6.3～3.2		
平键键槽	3.2(工作面),6.3(非工作面)		
其他加工表面	12.5～6.3		
非加工表面	100～50		

8.2.4　公差

轮坯的形位公差对齿轮类零件的传动精度影响很大,通常是根据齿轮类零件的精度等级确定其公差值。一般需标注的项目如下。

(1)齿顶圆的径向圆跳动。

(2)基准端面对轴线的端面圆跳动。

(3)键槽两侧面对孔中心线的对称度。

(4)轴孔的圆度和圆柱度。

各项形位公差的具体内容和精度等级及对齿轮工作性能的影响见表 8-5。

表 8-5　轮坯的形位公差推荐项目及影响

项　目	符　号	精度等级	对工作性能的影响
圆柱齿轮以齿顶圆作为测量基准时齿顶圆的径向圆跳动	↗	按齿轮、蜗轮的精度等级确定	影响齿厚的测量精度,并在切齿时产生相应的齿圈径向圆跳动误差,导致传动件的加工中心与使用中心不一致,导致分齿不均。同时轴心线与机床的垂直导轨不平行而引起齿向误差
锥齿轮的齿顶圆锥的径向圆跳动			
蜗轮外圆的径向圆跳动			
蜗杆外圆的径向圆跳动			
基准端面对轴线的端面圆跳动			
键槽两侧面对孔中心线的对称度	=	7～9	影响键两侧受载的均匀性
轴孔的圆度	○	7～8	影响传动零件与轴配合的松紧及对中性
轴孔的圆柱度	⌭		

8.2.5　啮合特性表

齿轮(蜗轮)啮合特性表一般应布置在图样的右上角。啮合特性表中主要标注齿轮(蜗轮)的基本参数和精度等级及误差检验项目。下面对啮合特性表中各项参数的选择作以下说明。

1. 精度等级及其选择

国家标准 GB/T 10095.1—2008、GB/T 10095.2—2008 对齿轮及齿轮副规定了 13 个精度等级,第 0 级的精度最高,第 12 级最低。齿轮副中两个齿轮的精度等级一般取成相同等级,也允许取成不同等级。还可以按协议对非工作面规定不同的精度等级。

标准中对径向综合公差规定了 9 个精度等级,其中 4 级最高、12 级最低;对径向跳动规定了 13 个精度等级,其中 0 级最高、12 级最低。

齿轮精度应根据传动的用途、使用条件、传递的功率、圆周速度以及其他技术要求决定。一般圆柱齿轮减速器(斜齿轮 $v < 18$ m/s)齿轮的精度等级可参考附录表 D-2。本实例中的齿轮副选择 8 级精度。

2. 齿轮检测项目的确定

对一般精度的单个齿轮应检测齿距累积总偏差 F_p、单个齿距偏差 f_{pt}、齿廓总偏差 F_α、螺旋线总偏差 F_β;齿轮侧隙应检测齿厚偏差 E_{sn} 或公法线长度偏差 W';高速齿轮应检测切向综合偏差 F_{pk}。若供需双方同意,可用切向综合偏差 F'_i 和 f'_i 来代替 F_p 和 f_{pt}。F_r、F'_i、f'_i、F''_i、f''_i、$f_{f\alpha}$、$f_{H\alpha}$、$f_{f\beta}$、$f_{H\beta}$ 都不是齿轮精度的必检项目,若需要检测,应在供需双方协议中明确规定。F_r 的允许值也可经双方协商另行规定。

3. 齿轮副的检验及侧隙

齿轮副的要求包括接触斑点的位置和大小,以及侧隙要求等。

齿轮副的中心距和单个齿轮的齿厚偏差是影响齿轮副侧隙的主要因素,另外,转速、环境温度和载荷的性质也会影响齿轮副的动态侧隙大小。齿轮副在静态下,必须保证有足够的侧隙。对于中、大模数齿轮,最小法向侧隙 j_{bnmin} 可按下式计算,也可在附录表 D-4 的推荐值中选择。

$$j_{bnmin}=\frac{2(0.06+0.000\ 5a_i+0.03m_n)}{3}$$

式中: a_i——允许的最小中心距。

齿厚上偏差 E_{sns} 和下偏差 E_{sni} 的数值应根据传动要求,在齿轮设计时进行计算(可参阅相关文献)。附录表 D-5 列出了齿厚极限偏差 E_{sn} 的参考值。

齿厚变小时,公法线长度也变小,因此齿厚偏差也可用公法线长度偏差 E_{bn} 代替。公法线长度偏差可表示为

公法线长度上偏差 $E_{bns}=E_{sns}cos\alpha_n$

公法线长度下偏差 $E_{bni}=E_{sni}cos\alpha_n$

附录表 D-6 至表 D-8 列出了公法线长度及其计算资料。

4. 齿坯的要求与公差

齿坯的加工精度对齿轮的加工、检验及安装精度有较大影响。为了保证齿轮的精度,应控制齿坯的精度。齿坯公差见附录表 D-12。

本实例中,与精度相关的齿轮副参数为:传递的功率 $P=2.72$ kW,齿轮中心距 $a=145$ mm, $m_n=2.5$ mm; $\beta=15.090°$;齿数 $z_1=23$, $z_2=89$;分度圆直径 $d_1=59.55$ mm, $d_2=230.45$ mm; $d_{a2}=235.45$ mm;齿轮宽 $b_1=60$ mm, $b_2=66$ mm,轴的转速 $n_1=342.86$ r/min, $n_2=88.15$ r/min。

1) 确定齿轮副精度等级

根据附录表 D-1,选择 8 级精度。

2) 确定齿轮精度检验项目和偏差允许值

本减速器为一般用途的专用减速器,按中等生产批量,确定齿轮的精度评定指标为 F_p、f_{pt}、F_α、F_β 和齿厚极限偏差 E_{sn} 及公法线长度 W'。根据 8 级精度,从附录表 D-2、表 D-3 中查得各项精度指标的允许偏差值(括号内为大齿轮数值): $F_p=0.053$ mm(0.072 mm)、$f_{pt}=\pm0.017(0.018)$ mm、$F_\alpha=0.022(0.030)$ mm、$F_\beta=0.028(0.028)$ mm、$F_r=0.043(0.058)$ mm。

3) 确定齿轮的齿厚偏差和公法线长度极限偏差

大、小齿轮所需最小侧隙可由计算得到精确值,也可从附录表 D-4 查得。本例中查得最小法向侧隙值 j_{bnmin} 为 0.014 5 mm。

取大、小齿轮的齿厚偏差的上偏差相同,则

$$E_{bns1}=E_{bns2}=-j_{bnmin}/(2cos\alpha_n)=-0.014\ 5/(2\times cos20°)=-0.077\ mm$$

查附录表 D-9, $b_r=1.26\times IT9$,从附录表 C-1 查得 $d_1=59.55$ mm 时,IT=0.074 mm,则 $b_r=0.093\ 2$ mm。齿厚公差为

$$T_{sn}=2tan\alpha_n\sqrt{b_r^2+F_r^2}=0.103\ mm$$

齿厚下偏差为

$$E_{sn} = E_{sn} - T_{sn} = (-0.077 - 0.103) \text{ mm} = -0.18 \text{ mm}$$

由于 $m_n = 2.5$ mm，对于中小模数的齿轮，选择公法线长度作为侧隙评定指标比较合适，故将公法线长度及其偏差计算步骤和计算结果列出（以小齿轮为例）。

确定公法线长度 W 及其偏差时，由于是斜齿轮，需要按照下面的步骤进行计算和查表。

先从附录表 D-7 中查出 $K_\beta = 1.104$；

算出 $Z' = ZK_\beta = 23 \times 1.104 = 25.392$；

再按 Z' 的整数部分 25 从附录表 D-6 中查得 $\Delta W' = 4.730\ 5$ mm；

按 Z' 的小数部分 0.392 从附录表 D-8 中查得 $\Delta W' = 0.005\ 5$ mm；

则 $W = (W' + \Delta W') \times m_n = (4.730\ 5 + 0.005\ 5) \times 2.5 \text{ mm} = 11.84 \text{ mm}$；

跨齿数 $K = 0.111\ 1\ Z' + 0.5 = 3.320\ 1$，四舍五入后得 $K = 3$。

公法线长度的上、下偏差分别由下式计算。

$$E_{bns} = E_{bns} \cos\alpha_n - 0.72 F_r \sin\alpha = 0.062 \text{ mm}$$
$$E_{bni} = E_{bni} \cos\alpha_n - 0.72 F_r \sin\alpha = 0.180 \text{ mm}$$

计算结果填写在附录图 L-1.2 齿轮零件图中。

8.2.6 技术要求

齿轮类零件的技术要求主要有以下内容。

（1）对铸件、锻件或其他类型坯件的要求。

（2）对材料力学性能和化学成分的要求及允许代用的材料。

（3）对材料表面性能的要求，如热处理方法、热处理后的硬度、渗碳层深度及淬火深度等。

（4）对未注明倒角、圆角的说明。

（5）对大型或高速齿轮的平衡校验的要求。

8.2.7 参考图例

本实例中齿轮零件图见附录图 L-1.2。

8.3 箱体类零件图绘制要点

8.3.1 视图

箱体是减速器中结构较为复杂的零件。为了清楚表达箱体各部分的结构和尺寸，通常除采用三个主要视图外，还应根据结构的复杂程度增加一些必要的局部视图、向视图及局部放大图。

8.3.2 尺寸标注

箱体的尺寸标注比轴、齿轮等零件复杂得多，标注时既要考虑铸造和机械加工的工艺性、测量和检验的要求,又要做到多而不乱,不重复,不遗漏。因此标注尺寸时应注意以下几点。

(1)选好基准 最好采用加工基准作为标注尺寸的基准,这样便于加工和测量。如箱盖和箱座的高度方向尺寸最好以剖分面为基准;箱体宽度方向尺寸应采用宽度对称中心线作为基准;箱体长度方向尺寸可取轴承孔中心线作为基准。

(2)箱体尺寸可分为定形尺寸和定位尺寸 箱体的定形尺寸为各部分形状大小的尺寸,如壁厚、圆角半径、槽的深度,箱体的长、宽、高,以及各种孔的直径、深度和螺纹孔的尺寸等,这类尺寸应直接标注,而不应有任何计算。定位尺寸是确定箱体各部位相对基准的位置尺寸,如孔的中心线、曲线的中心位置及其他有关部位的平面和基准的距离等,这类尺寸对应基准(或辅助基准),直接标注。

(3)对于影响机器工作性能的尺寸应直接标注,以保证加工的准确性,如轴孔的中心距及其偏差应直接标出,以保证加工准确性。

(4)标注尺寸时要考虑铸造工艺特点 箱体大多是铸件,因此标注尺寸时要便于木模制作。

(5)配合尺寸都应标注其偏差 标注尺寸时应避免出现封闭的尺寸链。

(6)所有的圆角、倒角、拔模斜度等都必须标注,或在技术要求中加以说明。

(7)各安装零件部位的尺寸在基本形体的定位尺寸标出后,都应从自己的基准出发进行标注。

8.3.3 表面质量要求

箱体加工的表面粗糙度的推荐值见表 8-6。

表 8-6 箱体加工表面粗糙度的推荐值

加 工 表 面	表面粗糙度值 $Ra/\mu m$
箱体剖分面	3.2~1.6
与滚动轴承相配合的孔	1.6(轴承孔径 $D \leqslant 80$ mm) 3.2(轴承孔径 $D > 80$ mm)
轴承座外端面	6.3~3.2
箱体底面	12.5~6.3
油沟及检查孔的接触面	12.5~6.3
螺栓孔、沉头座	25~12.5
圆锥销孔	3.2~1.6
轴承盖及套杯的其他配合面	6.3~3.2

8.3.4 公差

箱体的形位公差推荐标注项目见表 8-7。

表 8-7　箱体的形位公差推荐标注项目

类别	标注项目名称	符　号	荐用公差等级	对工作性能的影响
形状公差	轴承座孔的圆柱度	⌀	6~7	影响箱体与轴承的配合性能及对中性
	分箱面的平面度	▱	7~8	影响箱体剖分面的防渗漏性能及密合性
位置公差	轴承座孔的中心线相互间的平行度	∥	6~7	影响传动零件的接触精度及传动的平稳性
	轴承座孔的端面对其中心线的垂直度	⊥	7~8	影响轴承固定及轴向受载的均匀性
	锥齿轮减速器轴承座孔中心线相互间的垂直度	⊥	7	影响传动零件的传动平稳性和载荷分布的均匀性
	两轴承座孔中心线的同轴度	◎	7~8	影响减速器的装配及传动零件载荷分布的均匀性

8.3.5　技术要求

箱体类零件工作图的技术要求一般包括以下几个方面。

（1）剖分面定位销孔应在箱盖与箱座用螺栓连接后配钻、配铰。

（2）箱盖与箱座的轴承孔应在螺栓连接，并装入定位销后镗孔。

（3）对铸件清砂、修饰、表面防护的要求说明，以及铸件的时效处理。

（4）对未注明的倒角、圆角和铸造斜度的说明。

（5）组装后分箱面处不允许有渗漏现象，必要时可涂密封胶。

（6）箱体内表面需用煤油清洗，并涂防腐剂。

（7）其他的文字说明等。

8.3.6　参考图例

本实例中箱盖及箱座零件图见附录图 L-1.2。

第9章 编写设计说明书

设计说明书是在完成全部结构方案选择和设计计算后整理编写的,是对整个设计过程的总结,也是图样设计的理论依据,同时还是审核是否满足生产和使用要求的技术文件之一。说明书的内容与设计任务有关。通过编写设计说明书,可以培养学生表达、归纳、总结的能力,为以后的毕业设计和实际工作能力打下良好的基础。

9.1 设计说明书的内容

设计说明书以计算内容为主,具体内容应视设计任务而定,要求写明整个设计的主要计算及简要的说明。对于以减速器为主的机械传动装置的设计,其计算说明书的主要内容如下。

(1) 目录(标题及页次)。

(2) 设计任务书。

(3) 传动方案的拟订及说明(如传动方案已给定,则应对其进行分析、论证等)。

(4) 电动机的选择,传动系统的运动和动力参数计算(包括:计算电动机所需功率,选择电动机,分配各级传动比,计算各轴的转速、功率和转矩等)。

(5) 传动件的设计计算(确定带传动、齿轮或蜗杆传动的主要参数和尺寸等)。

(6) 润滑与密封(润滑剂的选择、润滑与密封方式的选择等)。

(7) 轴系设计(轴的结构设计和强度校核、选择联轴器、初选轴承等)。

(8) 键连接的选择及校核计算。

(9) 滚动轴承的校核。

(10) 箱体设计(主要结构尺寸的设计和计算等)。

(11) 其他技术说明,如:减速器附件的选择和说明,装配、拆卸、安装时的注意事项,维护保养的要求等。

(12) 设计小结(包括本设计的优、缺点,改进意见及课程设计的体会等)。

(13) 参考资料目录(包括资料的编号、作者名、书名、出版地点、出版单位、出版时间等)。

9.2 设计说明书的要求及注意事项

设计说明书要求计算正确、论述清楚、文字简练、插图简明、书写工整。设计说明书应系统地说明设计过程中所考虑的问题和全部的计算项目,同时阐明设计的合理性、经济性等问题。具体要求及注意事项如下。

(1) 计算部分只列出公式,代入有关数据,略去演算过程,直接得出计算结果。最后应有简短的结论(如应力计算中的"低于许用应力""在规定范围内"等);或用不等式表示。

(2) 为了清楚说明计算内容,应附必要的插图(如传动方案简图,轴的结构、受力、弯矩和转矩图,以及轴承组合形式简图等)。

(3) 对所引用的计算公式和数据,要标其来源,即参考资料的编号和页次。对所选的主要参数、尺寸和规格及计算结果等,可写在每页的"结果"一栏内(见表 9-1),或集中写在相应的计算之中,或采用表格形式列出。

(4) 全部计算中所使用的参量符号和脚标,必须前后一致,不要混乱;各参量的数值应标明单位,且单位要统一,写法要一致(即全用符号或全用汉字,不要混用)。

(5) 设计说明书一般用 16 开纸,按设计的顺序及规定格式用钢笔书写,标出页次,编好目录,最后加封面装订成册。封面格式可按图 9-1 的样式,也可由各学校自行规定。设计计算说明书的格式如表 9-1 所示。

图 9-1　封面格式

表 9-1　设计说明书的书写格式实例

设 计 内 容	计 算 及 说 明	结　　果
结构形式 电动机的选择	本减速器设计为水平剖分、封闭卧式结构 (1) 工作机功率 P_w 　　$P_w = Fv/1\,000 = 1\,500 \times 1.5/1\,000 \text{ kW} = 2.25 \text{ kW}$ (2) 总效率 $\eta_{总} = \eta_带\,\eta_齿\,\eta_{联轴器}\,\eta_{滚筒}\,\eta_{轴承}^2$ 　　　　$= 0.96 \times 0.98 \times 0.99 \times 0.96 \times 0.99^2 = 0.876$ (3) 所需电动机功率 P_d 　　$P_d = P_w/\eta_{总} = (2.25/0.876) \text{ kW} = 2.568 \text{ kW}$ 查《机械零件设计手册》得 $P_{ed} = 3 \text{ kW}$ 选 Y100L2-4,$\eta_满 = 1\,420 \text{ r/min}$	电动机选用 Y100L2-4

续表

设 计 内 容	计算及说明	结　果
传动比的分配 动力运动参数计算	工作机转速 $n = 60 \times 1\,000 v/(\pi D)$ $\qquad\qquad = 60 \times 1\,000 \times 1.5/(3.14 \times 220)$ r/min $\qquad\qquad = 130.284$ r/min $\qquad i_{总} = \eta_{满}/n = 1\,420/130.284 = 10.899$ $\qquad$ 取 $i_{带} = 3$,则 $i_{齿} = 10.899/3 = 3.633$ (1) 转速 n $\qquad\qquad n_0 = n_{满} = 1\,420$ r/min $\qquad n_{\mathrm{I}} = n_0/i_{带} = n_{满}/i_{带} = 1\,420/3$ r/min $= 473.333$ r/min $\qquad n_{\mathrm{II}} = n_{\mathrm{I}}/i_{齿} = 473.333/3.633$ r/min $= 130.287$ r/min $\qquad\qquad n_{\mathrm{III}} = n_{\mathrm{II}} = 130.287$ r/min (2) 功率 P $\qquad\qquad P_0 = P_{\mathrm{d}} = 2.568$ kW $\qquad P_{\mathrm{I}} = P_0 \eta_{带} = 2.568 \times 0.96$ kW $= 2.465$ kW $\qquad P_{\mathrm{II}} = P_{\mathrm{I}} \eta_{齿} \eta_{轴承} = 2.465 \times 0.98 \times 0.99$ kW $= 2.392$ kW $\qquad P_{\mathrm{III}} = P_{\mathrm{II}} \eta_{联轴器} \eta_{轴承} = 2.392 \times 0.99 \times 0.99$ kW $= 2.344$ kW (3) 转矩 T $T_0 = 9\,550 P_0/n_0 = (9\,550 \times 2.568/1\,420)$ N·m $= 17.271$ N·m $\qquad T_1 = T_0 \eta_{带} i_{带} = (17.271 \times 0.96 \times 3)$ N·m $= 49.740$ N·m $\qquad\qquad \vdots$	$i_{带} = 3$ $i_{齿} = 3.633$

第 10 章　课程设计的总结与答辩

　　总结与答辩是课程设计的最后一个重要环节。通过总结答辩,可以系统地分析所作设计的优缺点,找出设计中应该注意的问题,掌握常用机械设计的一般方法和步骤;通过答辩,也可检查学生实际掌握知识的情况,作为评定学生课程设计成绩的依据之一。

10.1　总结与答辩

10.1.1　课程设计的总结

1. 课程设计总结的目的
　　课程设计总结主要是对设计工作进行分析、自我检查和评价,以帮助设计者进一步熟悉和掌握机械设计的一般方法,提高分析问题和解决实际问题的能力。

2. 课程设计总结的内容
　　设计总结应以设计任务书为主要依据,评估自己所设计的结果是否满足设计任务书中的要求,客观分析一下自己所设计内容的优缺点,具体内容如下。
　　(1) 分析总体设计方案的合理性。
　　(2) 分析零部件结构设计及设计计算的正确性。
　　(3) 认真检查所绘制的装配图、零件图中是否存在问题。对装配图要着重检查及分析轴系部件结构设计中是否存在错误或不合理之处。对零件图应着重分析尺寸及公差的标注是否适当。此外,还应检查箱体的结构设计、附件的选择和布置是否合理。
　　(4) 对于计算部分,着重分析计算依据,所采用的公式及数据来源是否可靠,计算结果是否正确等。
　　(5) 认真总结一下通过课程设计,自己在哪些方面获得较为明显的提高,还可对自己的设计所具有的特点和不足进行分析与评价。

10.1.2　课程设计的答辩

1. 课程设计答辩的目的
　　答辩是课程设计的重要组成部分。它不仅是为了考核和评估设计者的设计能力、设计质量与设计水平,而且通过认真的总结与答辩,使设计者对自己设计工作和设计结果进行一次较系统、较深入的回顾、分析与总结,从而达到"知其然"也"知其所以然",是一次知识与能力进一步提高的过程。

2. 课程设计答辩的准备
　　(1) 答辩前必须完成全部设计工作量。
　　(2) 必须整理好全部设计图样及设计说明书,图样必须折叠整齐,并与设计说明书一起装订成册,装袋后呈交指导教师审阅。

（3）答辩前参考 10.2 节,结合设计工作,认真地进行思考、回顾和总结。

3. 成绩评定

成绩评定是对课程设计的综合评价,一般分成"优""良""中""及格""不及格"五个等级,成绩评定主要从以下几个方面综合考评。

（1）学生在整个课程设计过程中所体现出来的能力、工作作风及学习态度。

（2）图样的质量（包括结构设计、是否符合国家标准、制图方面等）。

（3）设计说明书的成绩。

（4）答辩的成绩。

10.2　答辩思考题

10.2.1　总体设计分析及传动零件的设计计算

（1）减速器由哪几部分组成? 简述减速器的装配和拆卸过程。

（2）装配图的作用是什么? 装配图应包括哪些方面的内容? 装配图应标注哪几类尺寸?

（3）对照设计,说明传动装置的设计方案有何优缺点。

（4）如何确定电动机的功率及转速? 电动机同步转速选取过高或过低有何利弊? 电动机的额定功率过大或过小各有什么问题?

（5）电动机的额定功率和输出功率有何不同? 设计传动装置时按哪种功率设计? 为什么?

（6）电动机选定后,为什么要记录它的输出轴直径、伸出端长度及中心高?

（7）你所分配传动比的根据是什么? 要考虑哪些问题?

（8）试述装配图上减速器性能参数的主要内容,对减速器规定试验的目的是什么?

（9）设计中为什么要尽量选择标准件,为什么要严格执行国家标准、部颁标准和本部门的规定?

（10）工作机的实际转速与设计要求的误差范围不符合时如何处理?

（11）根据绘制的零件图,说明对其形位公差有哪些基本要求?

（12）带轮的轴端是如何实现定位和固定的?

（13）带轮的结构尺寸对电动机及减速器的安装有什么影响?

（14）带传动设计中,哪些参数要取标准值?

（15）齿轮传动的哪些参数要取标准值?

（16）齿轮的结构形式及结构尺寸如何确定? 为什么小齿轮较大齿轮宽?

（17）齿轮轮毂宽度和直径如何确定? 轮缘厚度如何确定? 轮毂上的键槽公差如何确定?

（18）为保证齿轮传动精度,设计中规定了哪些检验项目,其值应如何确定?

10.2.2 轴系零部件的设计

(1) 简单归纳轴的设计与强度计算步骤。

(2) 设计轴的结构时应考虑哪些影响因素?

(3) 初估轴径尺寸时如何考虑和带轮或联轴器的孔径协调一致?

(4) 轴上各段直径如何确定?为什么要尽可能取标准值?

(5) 分析齿轮上的轴向力是依次通过哪些零件传递到减速器箱体上的?

(6) 轴系零件如何定位和固定?比较各种固定方法的优缺点。

(7) 什么情况下应将轴与齿轮做成整体?为什么要将轴制成阶梯轴?

(8) 轴的跨距如何确定?

(9) 阶梯轴采用圆角过渡有什么意义?轴外伸长度如何确定?与箱体结构哪些部分有关?

(10) 设计中如何选用联轴器的类型?根据什么选择其型号?

(11) 轴上键槽的位置与长度如何确定?所设计的键槽是如何加工的?

(12) 普通平键连接强度不够时,可采用什么措施?

(13) 轴上的退刀槽,砂轮越程槽和圆角的工作是什么?

(14) 分析设计中轴的形位公差对工作性能的影响。

(15) 如何选择轴与齿轮、轴承盖、联轴器及键等的配合?

(16) 轴正反转时,对轴和轴承的强度有无影响?

(17) 设计中如何选择键的类型和尺寸?

10.2.3 减速器的润滑密封与滚动轴承的组合设计

(1) 指出减速器中齿轮和轴承采用了哪种润滑方式?如何选择齿轮和轴承的润滑剂?

(2) 传动件的浸油深度如何确定?

(3) 当轴承采用油润滑时,如何从结构上保证供油充分?

(4) 轴承旁的挡油板起什么作用?

(5) 毡圈密封槽为何做成梯形槽?

(6) 轴承端盖与箱体之间调整垫片的作用是什么?

(7) 如何选择轴承的密封形式?减速器还有哪些地方需要密封?

(8) 在减速器中适用滑动轴承还是滚动轴承?

(9) 如何选择滚动轴承的类型和型号?

(10) 如何确定轴承的位置?轴肩的直径如何确定?

(11) 如何确定轴承座孔宽度?

(12) 轴承盖的作用是什么?轴承盖各部分尺寸如何确定?

(13) 轴承端盖有哪几种类型?各有什么特点?

(14) 在两端单向固定式的轴承组合设计中为什么要留有轴向间隙?

(15) 如何安装和拆卸轴承?设计轴的结构时如何考虑轴承的装拆?

(16) 如何验算滚动轴承的工作寿命?

（17）为什么滚动轴承的内圈与轴颈采用基孔制配合,而外圈与轴承座孔采用基轴制的配合?

10.2.4　减速器箱体及附件设计

（1）减速器箱体的作用是什么? 箱体内部底面为何做成倾斜的?

（2）为什么箱体多采用剖分式结构? 采用剖分式结构有什么好处?

（3）减速器箱体常采用什么材料? 拔模斜度的作用是什么?

（4）分析箱体的设计基准及加工基准。在设计中如何考虑尽量减小箱体的加工量?

（5）分析检查孔的作用、位置及尺寸的大小。

（6）确定减速箱高度要考虑哪些因素?

（7）箱体上,与螺母接触的支承面为什么要设计出凸台或沉头座孔? 沉头座孔如何加工?

（8）箱体的轴承座孔的直径为什么要设计成一样的?

（9）在设计中如何考虑箱体的结构工艺性?

（10）箱体上孔的中心距及其偏差如何确定和标注?

（11）箱体的零件图上规定了哪些形位公差,为什么?

（12）在减速器的各种螺纹连接中,哪些需要考虑防松?

（13）对铸造箱体,为什么要有铸造圆角及最小壁厚的限制?

（14）定位销的作用是什么? 一般选几个定位销? 其位置如何确定?

（15）启盖螺钉的作用是什么? 其安装有何特点?

（16）箱体上油标尺的安装位置如何确定? 如何测量箱内油面高度?

（17）通气器的作用是什么? 设计选择通气器有何特点? 通气器应安装在哪个部位?

（18）减速器上的观察孔的作用是什么? 如何设计其位置及大小?

附录 A 常用设计资料和一般标准、规范

表 A-1 机械传动和轴承效率概略值

种 类		效率 η	种 类		效率 η
圆柱齿轮传动	很好跑合的 6 级精度和 7 级精度齿轮传动（油润滑）	0.98～0.99	摩擦传动	平摩擦轮传动	0.85～0.92
	8 级精度的一般齿轮传动（油润滑）	0.97		槽摩擦轮传动	0.88～0.90
	9 级精度的齿轮传动（油润滑）	0.96		卷绳轮	0.95
	加工齿的开式齿轮传动（脂润滑）	0.94～0.96	联轴器	十字滑块联轴器	0.97～0.99
	铸造齿的开式齿轮传动	0.90～0.93		齿式联轴器	0.99
锥齿轮传动	很好跑合的 6 级精度和 7 级精度齿轮传动（油润滑）	0.97～0.98		弹性联轴器	0.99～0.995
				万向联轴器（$\alpha \leqslant 3°$）	0.97～0.98
	8 级精度的一般齿轮传动（油润滑）	0.94～0.97		万向联轴器（$\alpha > 3°$）	0.95～0.97
	加工齿的开式齿轮传动（脂润滑）	0.92～0.95	滑动轴承	润滑不良	0.94（一对）
	铸造齿的开式齿轮传动	0.88～0.92		润滑正常	0.97（一对）
蜗杆传动	自锁蜗杆（油润滑）	0.40～0.45		润滑特好（压力润滑）	0.98（一对）
	单头蜗杆（油润滑）	0.70～0.75		液体摩擦	0.99（一对）
	双头蜗杆（油润滑）	0.75～0.82	滚动轴承	球轴承（稀油润滑）	0.99（一对）
	四头蜗杆（油润滑）	0.80～0.92		滚子轴承（稀油润滑）	0.98（一对）
	环面蜗杆传动（油润滑）	0.85～0.95	卷筒		0.96
带传动	平带无压紧轮的开式传动	0.98	减（变）速器	单级圆柱齿轮减速器	0.97～0.98
	平带有压紧轮的开式传动	0.97		双级圆柱齿轮减速器	0.95～0.96
	平带交叉传动	0.90		行星圆柱齿轮减速器	0.95～0.98
	V 带传动	0.96		单级锥齿轮减速器	0.95～0.96
				双级圆锥-圆柱齿轮减速器	0.94～0.95
链传动	焊接链	0.93		无级变速器	0.92～0.95
	片式关节链	0.95		摆线-针轮减速器	0.90～0.97
	滚子链	0.96	螺旋传动	滑动螺旋	0.30～0.60
	齿形链	0.97		滚动螺旋	0.85～0.95

表 A-2　装配图中允许采用的简化画法（摘自 GB/T 4458.1—2002、GB/T 4459.7—1998）

		单个轴承的简化画法	在装配图中的简化画法	说　明
滚动轴承的简化画法	深沟球轴承 6000	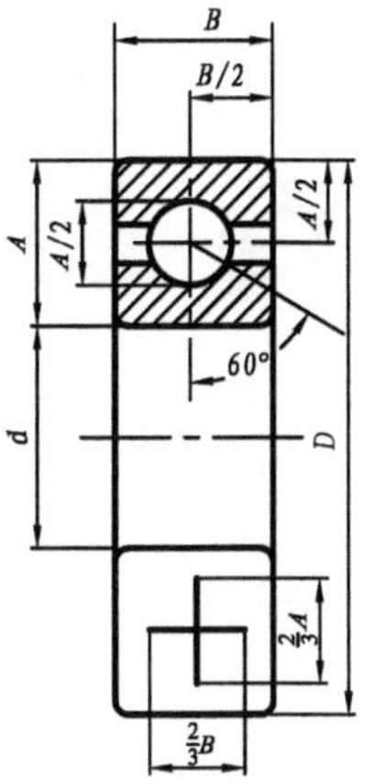	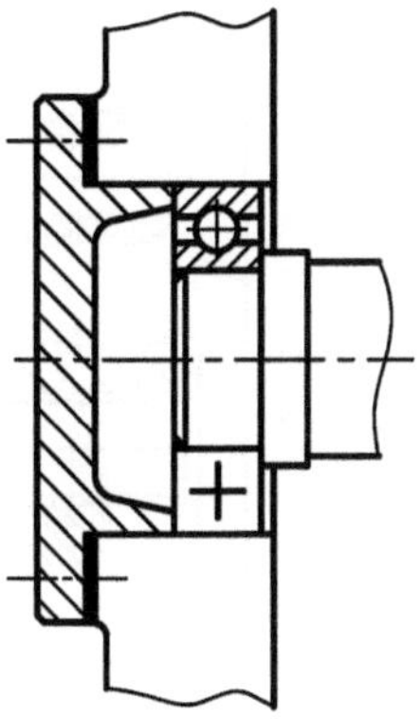	在装配图中省略了如下内容： 1. 轴承内、外圈的所有倒角； 2. 与轴承配合处轴的圆角及砂轮越程槽； 3. 与轴承配合处轴承盖的倒角； 4. 与箱座孔配合处轴承盖上的工艺槽及箱座孔的倒角
	角接触球轴承 7000	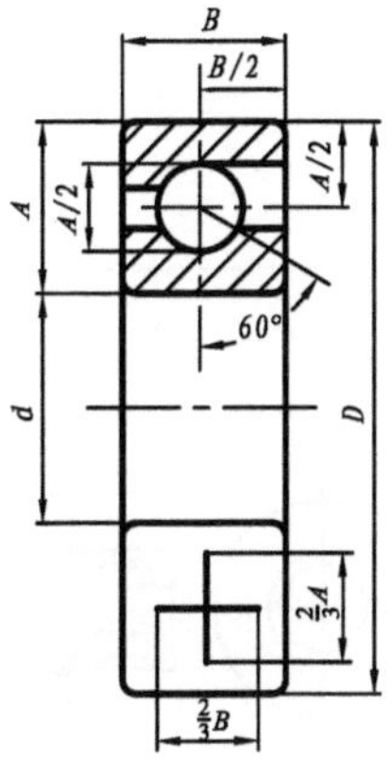	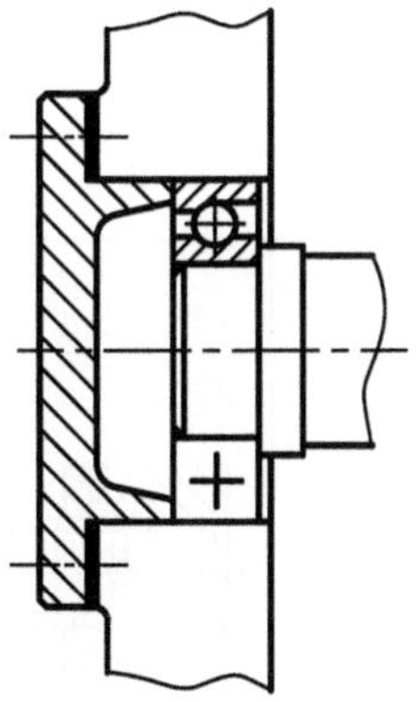	
	圆锥滚子轴承 30000	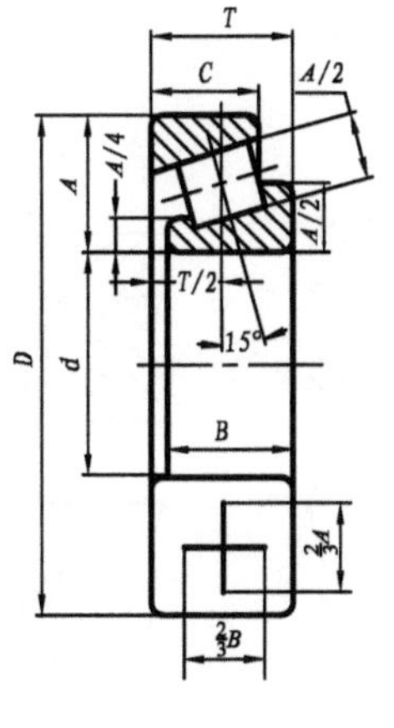	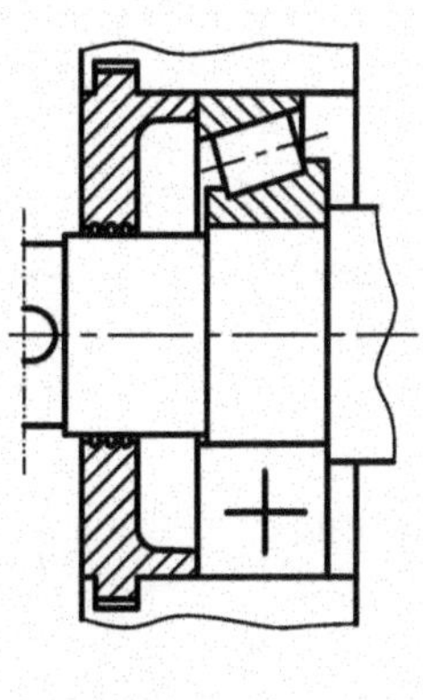	

表 A-3　常用零件的规定画法

画 法 说 明	螺纹及螺纹紧固件的画法（GB/T 4459.1—1995）
螺纹的牙顶用粗实线表示，牙底用细实线表示，在螺杆的倒角或倒圆部分也应画出。在垂直于轴线的视图中，表示牙底的细实线圆只画约 3/4 圈，此时轴或孔的倒角省略不画； 螺纹终止线用粗实线表示； 当需要表示螺尾时，螺尾部分牙底用与轴线成 30°的细实线绘制； 不可见螺纹的所有图线均按虚线绘制	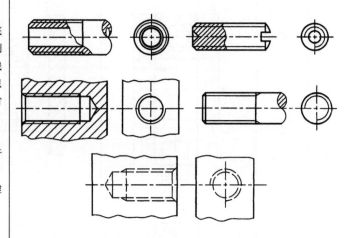
在剖视图中表示内、外螺纹连接时，其旋合部分按外螺纹画法绘制，其余部分仍按各自的画法表示	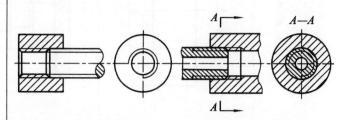
在装配图中，当剖切平面通过螺纹轴线时，对于螺柱、螺栓、螺母、螺钉及垫圈等均按未剖切绘制； 螺钉头部的一字槽、十字槽画法分别如右图所示； 在装配图中，对不通的螺纹孔，可不画出钻孔深度，仅按螺纹深度画出	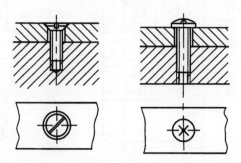

螺纹及螺纹紧固件画法

分　类	齿轮、蜗杆、蜗轮的啮合画法(GB/T 4459.2—2003)
齿轮的啮合画法　圆柱齿轮啮合画法	 (a)　　　　(b)　　　　(c) 在啮合区内,齿顶圆均用粗实线绘制,也可按图(c)所示的省略画法
分　类	齿轮、蜗杆、蜗轮的啮合画法(GB/T 4459.2—2003)
齿轮的啮合画法　圆柱齿轮副的啮合画法	 啮合区只画节线(用粗实线绘制)

表 A-4　标准尺寸(直径、长度、高度等)(GB/T 2822—2005 摘录)　单位:mm

1~10 mm				10~100 mm						100~1 000 mm					
R10	R20	R'10	R'20	R10	R20	R40	R'10	R'20	R'40	R10	R20	R40	R'10	R'20	R'40
1.00	1.00	1.0	1.0	10.0	10.0		10	10		100	100	100	100	100	100
	1.12		**1.1**		11.2			**11**				106			**105**
1.25	1.25	**1.2**	**1.2**	12.5	12.5	12.5	**12**	**12**	**12**		112	112		**110**	**110**
	1.40		1.4			13.2			**13**			118			**120**
1.60	1.60	1.6	1.6		14.0	14.0		14	14	125	125	125	125	125	125
	1.80		1.8			15.0			15			132			**130**
2.00	2.00	2.0	2.0	16.0	16.0	16.0	16	16	16		140	140		140	140
	2.24		**2.2**			17.0			17			150			150
2.50	2.50	2.5	2.5		18.0	18.0		18	18	160	160	160	160	160	160
	2.80		2.8			19.0			19			170			170
3.15	3.15	**3.0**	**3.0**	20.0	20.0	20.0	20	20	20		180	180		180	180
	3.55		**3.5**			21.2			**21**			190			190
4.00	4.00	4.0	4.0		22.4	22.4		22	**22**	200	200	200	200	200	200
	4.50		4.5			23.6			**24**			212			**210**
5.00	5.00	5.0	5.0	25.0	25.0	25.0	25	25	25		224	224		**220**	220
	5.60		**5.5**			26.5			26			236			**240**
6.30	6.30	**6.0**	**6.0**		28.0	28.0		28	28	250	250	250	250	250	250
	7.10		**7.0**			30.0			30			255			**260**
8.00	8.00	8.0	8.0	31.5	31.5	31.5	**32**	**32**	**32**		280	280		280	280
	9.00		9.0			33.5			**34**			300			300
10.00	10.00	10.0	10.0		35.5	35.5		**36**	**36**	315	315	315	320	**320**	**320**
						37.5			**38**			335			**340**
				40.0	40.0	40.0	40	40	40		355	355		**360**	360
						42.5			**42**			375			**380**
					45.0	45.0		45	45	400	400	400	400	**400**	400
						47.5			**48**			425			**420**
				50.0	50.0	50.0	50	50	50		450	450		450	450
						53.0			53			475			**480**
					56.0	56.0		56	56	500	500	500	500	500	500
						60.0			60			530			430
				63.0	63.0	63.0	63	63	63		560	560		560	560
						67.0			67			600			600
					71.0	71.0		71	71	630	630	630	630	630	630
						75.0			75			670			670
				80.0	80.0	80.0	80	80	80		710	710		710	710
						85.0			85			750			750
					90.0	90.0		90	90	800	800	800	800	800	800
						95.0			95			850			850
				100.0	100.0	100.0	100	100	100		900	900		900	900
												950			950
										1 000	1 000	1 000	1 000	1 000	1 000

注:R'系列中的黑体字,为 R 系列相应各项优先数的化整数。

表 A-5 圆柱形轴伸（摘自 GB/T 1569—2005） mm

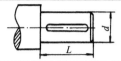

d		L		d		L		d		L	
基本尺寸	极限偏差	长系列	短系列	基本尺寸	极限偏差	长系列	短系列	基本尺寸	极限偏差	长系列	短系列
6	+0.006 −0.002	16	—	19		40	28	40		110	82
7		16	—	20		50	36	42	+0.018 +0.002 k6	110	82
8	+0.007 −0.002	20	—	22	+0.009 −0.004 j6	50	36	45		110	82
9		20	—	24		50	36	48		110	82
10	j6	23	20	25		60	42	50		110	82
11		23	20	28		60	42	55		110	82
12		30	25	30		80	58	60		140	105
14	+0.008 −0.003	30	25	32		80	58	65	+0.030 +0.011 m6	140	105
16		40	28	35	+0.018 +0.002 k6	80	58	70		140	105
18		40	28	38		80	58	75		140	105

表 A-6 机器轴高（GB/T 12217—2005 摘录） mm

系列	轴高的基本尺寸 h
Ⅰ	25,40,63,100,160,250,400,630,1 000,1 600
Ⅱ	25,32,40,50,63,80,100,125,160,200,250,315,400,500,630,800,1 000,1 250,1 600
Ⅲ	25,28,32,36,40,45,50,56,63,71,80,90,100,112,125,140,160,180,200,225,250,280,315,355,400, 450,500,560,630,710,800,900,1 000,1 120,1 250,1 400,1 600
Ⅳ	25,26,28,30,32,34,36,38,40,42,45,48,50,53,56,60,63,67,71,75,80,85,90,95,100,105,112,118, 125,132,140,150,160,170,180,190,200,212,225,236,250,265,280,300,315,335,355,375,400,425, 450,475,500,530,560,600,630,670,710,750,800,850,900,950,1 000,1 060,1 120,1 180,1 250,1 320, 1 400,1 500,1 600

轴高 h	轴高的极限偏差		平行度公差		
	电动机、从动机器、减速器等	除电动机以外的主动机器	$L>2.5h$	$2.5h \leqslant L \leqslant 4h$	$L>4h$
25~50	0 −0.4	+0.4 0	0.2	0.3	0.4
>50~250	0 −0.5	+0.5 0	0.25	0.4	0.5
>250~630	0 −1.0	+1.0 0	0.5	0.75	1.0
>630~1 000	0 −1.5	+1.5 0	0.75	1.0	1.5
>1 000	0 −2.0	+2.0 0	1.0	1.5	2.0

注：1. 机器轴高应优先选用第Ⅰ系列数值，如不能满足需要时，可选用第Ⅱ系列数值，其次选用第Ⅲ系列数值，尽量
不采用第Ⅳ系列数值。
2. h 不包括安装时所用的垫片；L 为轴的全长。

表 A-7　回转面及端面砂轮越程槽（GB/T 6403.5—1986 摘录）　　　mm

回转面及端面砂轮越程槽的形式及尺寸

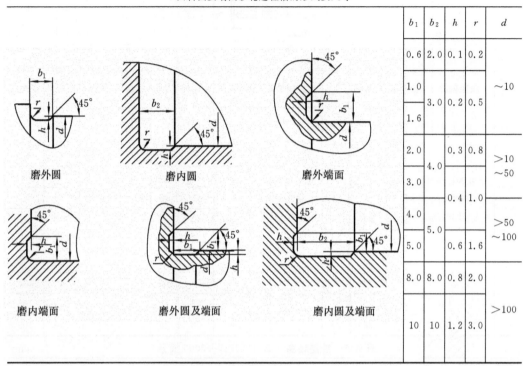

磨外圆　　　磨内圆　　　磨外端面

磨内端面　　　磨外圆及端面　　　磨内圆及端面

b_1	b_2	h	r	d
0.6	2.0	0.1	0.2	
1.0	3.0	0.2	0.5	~10
1.6				
2.0	4.0	0.3	0.8	>10 ~50
3.0				
4.0	5.0	0.4	1.0	>50 ~100
5.0		0.6	1.6	
8.0	8.0	0.8	2.0	>100
10	10	1.2	3.0	

表 A-8　插齿空刀槽各部尺寸（摘自 JB/ZQ 4238—1997）　　　mm

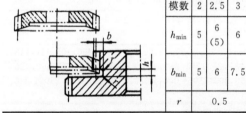

模数	2	2.5	3	4	5	6	7	8	9	10	12	14	16	18	20
$h_{\min}$	5	6 (5)	6	6	6	7	7	7	8	8	8	9	9	9	10
$b_{\min}$	5	6	7.5	10.5 (7.5)	10.05	13	15	16	19	22	24	28	33	38	42
r		0.5						1.0							

表 A-9　60°中心孔（摘自 GB/T 145—2001）　　　mm

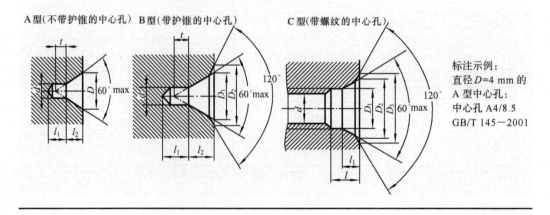

A 型（不带护锥的中心孔）　B 型（带护锥的中心孔）　C 型（带螺纹的中心孔）

标注示例：
直径 $D=4$ mm 的
A 型中心孔：
中心孔 A4/8.5
GB/T 145—2001

续表

d	D	D₁	D₂	l₂		t（参考）		d	D₁	D₂	D₃	l	l₁（参考）	选择中心孔的参考数据	
A、B 型	A 型	B 型		A 型	B 型	A 型	B 型	C 型						原料端部最小直径/mm	零件最大质量/kg
2.00	4.25	4.25	6.30	1.95	2.54	1.8		—	—	—	—	—	—	8	120
2.50	5.30	5.30	8.00	2.42	3.20	2.2		—	—	—	—	—	—	10	200
3.15	6.70	6.70	10.00	3.07	4.03	2.8		M3	3.2	5.3	5.8	2.6	1.8	12	500
4.00	8.50	8.50	12.50	3.90	5.05	3.5		M4	4.3	6.7	7.4	3.2	2.1	15	800
(5.00)	10.60	10.60	16.00	4.85	6.41	4.4		M5	5.3	8.1	8.8	4.0	2.4	20	1000
6.30	13.20	13.20	18.00	5.98	7.36	5.5		M6	6.4	9.6	10.5	5.0	2.8	25	1500
(8.00)	17.00	17.00	22.40	7.79	9.36	7.0		M8	8.4	12.2	13.2	6.0	3.3	30	2000
10.00	21.20	21.20	28.00	9.70	11.66	8.7		M10	10.5	14.9	16.3	7.5	3.8	35	2500

注：① 括号内尺寸尽量不用；

② A、B 型中尺寸 l_1 取决于中心钻的长度，即使中心孔重磨后再使用，此值不应小于 t 值；

③ A 型同时列出了 D 和 l_2 尺寸，B 型同时列出了 D_1、D_2 和 l_2 尺寸，制造厂可分别任选其中一个尺寸。

表 A-10　配合表面处的圆角半径和倒角尺寸（摘自 GB/T 6403.4—2008）　　mm

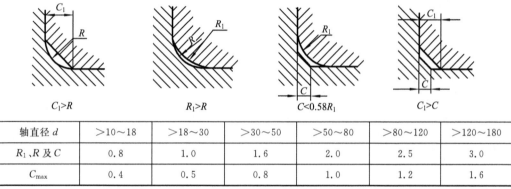

轴直径 d	>10~18	>18~30	>30~50	>50~80	>80~120	>120~180
R_1、R 及 C	0.8	1.0	1.6	2.0	2.5	3.0
C_{max}	0.4	0.5	0.8	1.0	1.2	1.6

注：① 与滚动轴承相配合的轴及轴承座孔处的圆角半径参见第 12 章表 12-1 至表 12-7 的安装尺寸 r_a、r_b；

② C_1 的数值不属于 GB/T 6403.4—2008，仅供参考。

表 A-11　圆形零件自由表面过渡圆角半径和过盈配合连接轴用倒角　　mm

圆角半径	D-d	2	5	8	10	15	20	25	30	35	40	50	55	65	70	90
	R	1	2	3	4	5	8	10	12	12	16	16	20	20	25	25
	D-d	100	130	140	170	180	220	230	290	300	360	370	450	—	—	—
	R	30	30	40	40	50	50	60	60	80	80	100	100	—	—	—
过盈配合连接轴用倒角	D	≤10	>10~18	>18~30	>30~50	>50~80	>80~120	>120~180	>180~260	>260~360	>360~500					
	a	1	1.5	2	3	5	5	8	10	10	12					
	α	30°				10°										

注：尺寸 $D-d$ 是表中数值的中间值时，则按较小尺寸来选取 R。例如，$D-d=98$ mm，则按 90 mm 来选取 $R=25$ mm。

表 A-12 铸件最小壁厚(不小于)   mm

铸造方法	铸件尺寸	铸 钢	灰铸铁	球墨铸铁	可锻铸铁	铝合金	镁合金	铜合金
砂型	～200×200	6～8	5～6	6	4～5	3	—	3～5
	>200×200～500×500	10～12	>6～10	12	5～8	4	3	6～8
	>500×500	18～25	15～20	—	—	5～7	—	—

注:① 一般铸造条件下,各种灰铸铁的最小允许壁厚 δ 为

    HT100、HT150,$\delta=4\sim6$ mm;HT200,$\delta=6\sim8$ mm;HT250,$\delta=8\sim15$ mm;HT300、HT350,$\delta=15$ mm;

  ② 如有必要,在改善铸造条件下,灰铸铁最小壁厚可达 3 mm,可锻铸铁最小壁厚可小于 3 mm。

表 A-13 铸造斜度

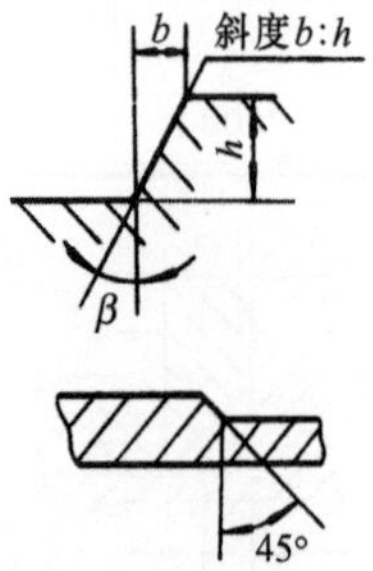

斜度 $b:h$	角度 β	使 用 范 围
1:5	11°30′	$h<25$ mm 时的铸铁件和铸钢件
1:10 1:20	5°30′ 3°	h 在 25～500 mm 时的铸铁件和铸钢件
1:50	1°	$h>500$ mm 时的铸铁件和铸钢件
1:100	30′	有色金属铸件

注:当设计不同壁厚的铸件时(参见表中的图),在转折点处斜角最大,可增大到30°～45°。

表 A-14 铸造过渡斜度(摘自 JB/ZQ 4254—2006)   mm

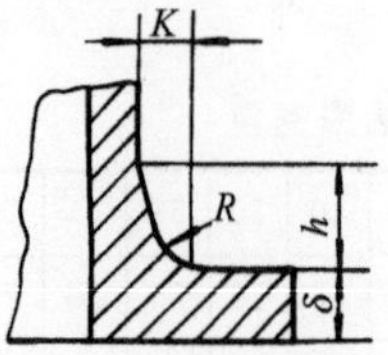

适合于减速器的箱体、箱盖、连接管、汽缸及其他各种连接法兰的过渡处

铁铸件和钢铸件的壁厚 δ	K	h	R
10～15	3	15	5
>15～20	4	20	5
>20～25	5	25	5
>25～30	6	30	8
>30～35	7	35	8
>35～40	8	40	10
>40～45	9	45	10
>45～50	10	50	10

表 A-15　铸造外圆角及相应的过渡尺寸 R 值（摘自 JB/ZQ 4256—2006）　　mm

表面的最小边尺寸 p	外圆角 α					
	≤50°	>50°~75°	>75°~105°	>105°~135°	>135°~165°	>165°
≤25	2	2	2	4	6	8
>25~60	2	4	4	6	10	16
>60~160	4	4	6	8	16	25
>160~250	4	6	8	12	20	30
>250~400	6	8	10	16	25	40
>400~600	6	8	12	20	30	50
>600~1000	8	12	16	25	40	60
>1000~1600	10	16	20	30	50	80
>1600~2500	12	20	25	40	60	100
>2500	16	25	30	50	80	120

注：如果铸件按上表可选出许多不同圆角的 R 时，应尽量减少或只取一适当的 R 值以求统一。

表 A-16　铸造内圆角及相应的过渡尺寸 R 值（摘自 JB/ZQ 4255—2006）　　mm

$\dfrac{a+b}{2}$	内圆角 α											
	≤50°		>50°~75°		>75°~105°		>105°~135°		>135°~165°		>165°	
	钢	铁	钢	铁	钢	铁	钢	铁	钢	铁	钢	铁
≤8	4	4	4	4	6	4	8	6	16	10	20	16
9~12	4	4	4	4	6	6	10	8	16	12	25	20
13~16	4	4	6	4	8	6	12	10	20	16	30	25
17~20	6	4	8	6	10	8	16	12	25	20	40	30
21~27	6	6	10	8	12	10	20	16	30	25	50	40
28~35	8	6	12	10	16	12	25	20	40	30	60	50
36~45	10	8	16	12	20	16	30	25	50	40	80	60
46~60	12	10	20	16	25	20	35	30	60	50	100	80
61~80	16	12	25	20	30	25	40	35	80	60	120	100
81~110	20	16	25	20	35	30	50	40	100	80	160	120
111~150	20	16	30	25	35	30	60	50	100	80	160	120
151~200	25	20	40	30	50	40	80	60	120	100	200	160
201~250	30	25	50	40	60	50	100	80	160	120	250	200
251~300	40	30	60	50	80	60	120	100	200	160	300	250
>300	50	40	80	60	100	80	160	120	250	200	400	300

c 和 h 值	b/a	≤0.4	>0.4~0.65	>0.65~0.8	>0.8
	≈c	0.7($a-b$)	0.8($a-b$)	$a-b$	
	≈h　钢	8c			
	铁	9c			

$a≈b$
$R_1=R+a$

$b<0.8a$
$R_1=R+b+c$

表 A-17 过渡配合、过盈配合的装配倒角   mm

D	倒角深	配 合			
		u6、s6、s7、r6、n6、m6	t7	u8	z8
≤50	a	0.5	1	1.5	2
	A	1	1.5	2	2.5
50~100	a	1	2	2	3
	A	1.5	2.5	2.5	3.5
100~250	a	2	3	4	5
	A	2.5	3.5	4.5	6
250~500	a	3.5	4.5	7	8.5
	A	4	5.5	8	10

附录 B 常用工程材料

表 B-1 金属热处理工艺分类及代号(摘自 GB/T 12603—2005)

热处理工艺名	代号*	说 明	热处理工艺名	代号*	说 明
退火	511	整体退火热处理	固体渗碳	531-09	固体渗碳化学热处理
正火	512	整体正火热处理	液体渗碳	531-03	液体渗碳化学热处理
淬火	513	整体淬火热处理	气体渗碳	531-01	气体渗碳化学热处理
淬火及回火	514	整体淬火及回火热处理	碳氮共渗	532	碳氮共渗化学热处理
调质	515	整体调质热处理	液体渗氮	533-03	液体渗氮化学热处理
感应淬火和回火	521-04	感应加热表面淬火、回火热处理	气体渗氮	533-01	气体渗氮化学热处理
火焰淬火和回火	521-05	火焰加热表面淬火、回火热处理	离子渗氮	533-08	等离子体渗氮化学热处理

* 注:第一位字为热处理总称;第二位字为工艺类型;第三位字为工艺名称;第四、五位字为加热方式。

例:533-01 5—热处理;3—化学热处理;3—渗氮;01—气体加热。

表 B-2 灰铸铁件(摘自 GB/T 9439—2010)、**球墨铸铁件**(摘自 GB/T 1348—2009)

类别	牌号	力学性能						应用举例
		$\sigma_b \geqslant$ /MPa	σ_s 或 $\sigma_{0.2} \geqslant$ /MPa	δ /(%)	ψ /(%)	铸件壁厚 /mm	硬度 /HBW	
		不小于						
灰铸铁	HT100	100				5~40	≤170	支架、盖、手把等
	HT150	150				5~300	125~205	轴承盖、轴承座、手轮等
	HT200	200				5~300	150~230	机架、机体、中压阀体等
	HT250	250				5~300	180~250	机体、轴承座、缸体、联轴器、齿轮等
	HT300	300				10~300	200~275	
	HT350	350				10~300	220~290	齿轮、凸轮、床身、导轨等
球墨铸铁	QT400-15	400	250	15			120~180	齿轮、箱体、管路、阀体、盖、中低压阀体等
	QT450-10	450	310	10			160~210	
	QT500-7	500	320	7			170~230	汽缸、阀体、轴瓦等
	QT600-3	600	370	3			190~270	曲轴、缸体、车轮等
	QT700-2	700	420	2			225~305	

表 B-3　普通碳素结构钢（摘自 GB/T 700—2006）

牌号	等级	拉伸试验 σs/MPa ≤16	>16~40	>40~60	>60~100	>100~150	>150	抗拉强度 σb/MPa	伸长率 δ5/(%) ≤16	>16~40	>40~60	>60~100	>100~150	>150	温度/℃	V型冲击功(纵向)/J	应用举例
Q195	—	195	185	—	—	—	—	315~430	33	32	—	—	—	—	—	—	塑性好，常用其轧制薄板、拉制线材、制件和焊接钢管
Q215	A	215	205	195	185	175	165	335~450	31	30	29	28	27	26	—	—	金属结构构件；拉杆、螺栓、短轴、心轴、凸轮、渗碳零件及焊接件
Q215	B														20	27	
Q235	A	235	225	215	205	195	185	375~500	26	25	24	23	22	21	—	27	金属结构构件，心部强度要求不高的渗碳或氰化零件；吊钩、拉杆、套圈、齿轮、螺栓、螺母、连杆、轮轴、盖及焊接件
Q235	B														20		
Q235	C														0		
Q235	D														−20		
Q255	A	255	245	235	225	215	205	410~550	24	23	22	21	20	19	—	27	轴、轴销、螺母、螺栓、垫圈、齿轮以及其他强度较高的零件
Q255	B														20		
Q275	—	275	265	255	245	235	225	490~630	20	19	18	17	16	15	—	—	

注：新旧牌号对照 Q215→A2；Q235→A3；Q275→A5。Q 为屈服强度的拼音首字母；215 为屈服极限值；A、B、C、D 为质量等级。

表 B-4　优质碳素结构钢（摘自 GB/T 699—1999）

钢号	试样毛坯尺寸/mm	推荐热处理温度/℃ 正火	淬火	回火	力学性能 σb/MPa	σs(σ0.2)/MPa	δ5/(%)	ψ/(%)	Ak/J	钢材交货状态硬度/HBW(不大于) 未热处理	退火钢	表面淬火硬度/HRC	应用举例（非标准内容）
08F	25	930			295	175	35	60		131	—	—	轧制薄板、制管、冲压制品；心部强度要求不高的渗碳和氰化零件；套筒、短轴、支架、离合器盘
08	25	930			325	195	33	60		131	—	—	
10F	25	930			315	185	33	55		137	—	—	用于拉杆、卡头、垫圈等；因无回火脆性，焊接性好，用于焊接零件
10	25	930			335	205	31	55		137	—	—	
15F	25	920			355	205	29	55		143	—	—	受力不大韧度要求较高的零件、渗碳零件及紧固件和螺栓、法兰盘
15	25	920			375	225	27	55		143	—	—	
20	25	910			410	245	25	55		156	—	—	渗碳、氰化后用于重型或中型机械中受力不大的轴、螺栓、螺母、垫圈、齿轮、链轮

续表

钢号	试样毛坯尺寸/mm	推荐热处理温度/℃			力学性能					钢材交货状态硬度/HBW（不大于）		表面淬火硬度/HRC	应用举例（非标准内容）
		正火	淬火	回火	σ_b/MPa	$\sigma_s(\sigma_{0.2})$/MPa	δ_5/(%)	ψ/(%)	A_k/J	未热处理	退火钢		
					不小于								
25	25	900	870	600	450	275	23	50	71	170	—	—	用于制造焊接设备和不受高应力的零件，如轴、螺栓、螺钉、螺母
30	25	880	860	600	490	295	21	50	63	179	—		用于制作重型机械上韧度要求高的锻件及制件，如汽缸、拉杆、吊环
35	25	870	850	600	530	315	20	45	55	197	—	35～45	用于制作曲轴、转轴、轴销、连杆、螺栓、螺母、垫圈、飞轮，多在正火、调质下使用
40	25	860	840	600	570	335	19	45	47	217	187	—	热处理后用于制作机床及重型、中型机械的曲轴、轴、齿轮、连杆、键、活塞等，正火后可用于制作圆盘
45	25	850	840	600	600	355	16	40	39	229	197	40～50	用于制作要求综合力学性能高的各种零件，通常在正火或调质下使用，如轴、齿轮、链轮、螺栓、螺母、销、键、拉杆等
50	25	830	830	600	630	375	14	40	31	241	207		用于制作要求有一定耐磨性、一定抗冲击作用的零件，如轮圈、轧辊、摩擦盘等
55	25	820	820	600	645	380	13	35	—	255	217		
65	25	810	—	—	695	410	10	30	—	255	229	—	用于制作弹簧、弹簧垫圈、凸轮、轧辊等
15Mn	25	920	—		410	245	26	55		163	—		用于制作心部力学性能要求较高且需渗碳的零件
25Mn	25	900	870	600	490	295	22	50	71	207	—		用于制作渗碳件，如凸轮、齿轮、联轴器、销等
40Mn	25	860	840	600	590	355	17	45	47	229	207	40～50	用于制作轴、曲轴、连杆及高应力下工作的螺栓、螺母
50Mn	25	830	830	600	645	390	13	40	31	255	217	45～55	多在淬火、回火后使用，用于制作齿轮、齿轮轴、摩擦盘、凸轮
65Mn	25	810	—	—	735	430	9	30	—	285	229	—	耐磨性高，用于制作圆盘、衬板、齿轮、花键轴、弹簧

表 B-5　合金结构钢（摘自 GB/T 3077—1999）

牌号	试样毛坯尺寸/mm	热处理					力学性能					钢材退火或高温回火（供应状态）不大于/HBW	表面淬火不大于/HRC	应用举例（非标准内容）
		淬火			回火		抗拉强度 σ_b/MPa	屈服点 σ_s/MPa	伸长率 δ_5/(%)	断面收缩率 ψ/(%)	冲击功 A_k/J			
		温度/℃		冷却剂	温度/℃	冷却剂	不小于							
		第一次淬火	第二次淬火											
30Mn2	25	840	—	水	500	水	785	635	12	45	63	207	—	起重机行车轴、变速箱齿轮、冷镦螺栓及较大截面的调质零件
35Mn2	25	840	—	水	500	水	835	685	12	45	55	207	40～50	对于截面较小的零件可代替40Cr，制作直径不大于15mm的重要用途的冷镦螺栓及小轴
45Mn2	25	840	—	油	550	水或油	885	735	10	45	47	217	45～50	在直径不大于60mm时，与40Cr相当，可制作万向联轴器、齿轮轴、蜗杆、曲轴、连杆、花键轴、摩擦盘等
35SiMn	25	900	—	水	570	水或油	885	735	15	45	47	229	45～55	可代替40Cr制作中、小型轴类、齿轮等零件及430℃以下的重要紧固件
42SiMn	25	880	—	水	590	水	885	735	15	40	47	229	45～55	可代替 40Cr、34CrMo 制作大齿圈
37SiMn2MoV	25	870	—	水或油	650	水或空气	980	835	12	50	63	269	50～55	可代替34CrNiMo等制作高强度、重负荷的轴、曲轴、齿轮、蜗杆等零件
20CrMnTi	15	880	870	油	200	水或空气	1080	835	10	45	55	217	渗碳56～62	可代替镍铬钢用于制作承受高速、中等或重负荷以及冲击磨损等重要零件，如渗碳齿轮、凸轮等
20CrMnMo	15	850	—	油	200	水或空气	1180	885	10	45	55	217	渗碳56～62	用于制作要求表面硬度高、耐磨、心部有较高强度和韧度的零件，如传动齿轮和曲轴
35CrMo	25	850	—	油	550	水或油	980	835	12	45	63	229	40～45	可代替40CrNi制作大截面齿轮和重载传动轴等

续表

牌 号	试样毛坯尺寸/mm	热 处 理					力 学 性 能					钢材退火或高温回火(供应状态)不大于/HBW	表面淬火不大于/HRC	应用举例(非标准内容)
		淬 火			回 火		抗拉强度 σ_b/MPa	屈服点 σ_s/MPa	伸长率 δ_5/(%)	断面收缩率 ψ/(%)	冲击功 A_k/J			
		温度/℃ 第一次淬火	第二次淬火	冷却剂	温度/℃	冷却剂	不小于							
20Cr	15	880	780~820	水或油	200	水或空气	835	540	10	40	47	179	渗碳 56~62	用于制作要求心部强度较高、承受磨损、尺寸较大的渗碳零件,如齿轮、齿轮轴、蜗杆、凸轮、活塞销等
40Cr	25	850	—	油	520	水或油	980	785	9	45	47	207	48~55	用于受变载、中速中载、强烈磨损而无很大冲击的重要零件,如重要的齿轮、轴、曲轴、连杆等
18Cr2Ni4WA	15	950	850	空气	200	水或空气	1180	835	10	45	78	269	渗碳 56~62	用于制作承受很高载荷、强烈磨损、截面尺寸较大的重要零件,如重要的齿轮与轴
40CrNiMoA	25	850	—	油	600	水或油	980	835	12	55	78	269		用于制造重负荷、大截面、重要的调质零件,如大型的轴和齿轮

表 B-6　一般工程用铸钢(摘自 GB/T 11352—2009)

牌 号	化学成分/(%)					力学性能≥					特性(非标准内容)	应用举例(非标准内容)
	C	Si	Mn	S	P	σ_s 或 $\sigma_{0.2}$/MPa	σ_b/MPa	δ/(%)	按合同选择			
									ψ/(%)	a_{ku}/(J/cm²)		
ZG200-400	0.20		0.80			200	400	25	40	60	强度和硬度较低,韧性和塑性良好,低温时冲击韧度高,脆性转变温度低,焊接性能良好,铸造性能差	机座、变速箱体等
ZG230-450	0.30	0.50				230	450	22	32	45		机架、机座、箱体、锤轮等
ZG270-500	0.40			0.04		270	500	18	25	35	较高的强度和硬度,韧性和塑性适度,铸造性能比低碳钢好,有一定的焊接性能	飞轮、机架、蒸汽锤、汽缸等
ZG310-570	0.50		0.90			310	570	15	21	30		联轴器、齿轮、汽缸、轴、机架等
ZG340-640	0.60	0.60				340	640	10	18	20	塑性差、韧度低、强度和硬度高、铸造和焊接性能均差	起重运输机齿轮、联轴器等重要零件

表 B-7　常用非金属材料

名　称	代号(或分类)	规格/mm		密度/(g/cm³)	拉伸强度/MPa	拉断时伸长率/(%)	使用范围
		宽　度	厚　度				
耐油橡胶板 GB/T 5574 —2008	C类	500~2000	0.5, 1, 1.5, 2, 2.5, 3, 4, 5, 6, 8, 10, 12, 14, 16, 18, 20, 22, 25, 30, 40, 50		1型≥3 2型≥4 3型≥5 4型≥7 5型≥10	1级≥100 2级≥150 3级≥200 4级≥250 5级≥300	具有耐溶剂膨胀性能,可在一定温度的机油、变压器油、汽油等介质中工作,适用于冲制各种形状的垫圈

	纸板规格/mm			密度/(g/cm³) A、B类	技术性能				用　途
	长度×宽度	厚度			项　目		A类	B类	
软钢纸板 QB/T 2200— 1996	920×650 650×490 650×400 400×300 按订货合同规定	0.5~0.8 0.9~2.0 2.1~3.0		1.1~1.4	抗拉强度/(kN/m²)≥	厚度/mm 0.5~1	3×10⁴	2.5×10⁴	供飞机(A类)、汽车、拖拉机的发动机及其他内燃机制作密封垫片和其他部件用
						1.1~3	3×10⁴	3×10⁴	
					抗压强度/MPa ≥		160	—	
					水分/(%)		4~8	4~8	

名　称	类型	牌号	规　格		密度/(g/cm³)	断裂强度/(N/cm²)	断裂时伸长率/(%) ≤	使用范围
			长、宽	厚度/mm				
工业用毛毡 FZ/T 25001 —1992	细毛	T112-32-44	长=1~5m 宽=0.5~1m	1.5, 2, 3, 4, 6, 8, 10, 12, 14, 16, 18, 20, 25	0.32~0.44	—	—	用于制作密封、防振的缓冲衬垫
		T112-25-31			0.25~0.31	—	—	
	半粗毛	T122-30-38			0.30~0.38	—	—	
		T122-24-29			0.24~0.29	—	—	
	粗毛	T132-32-36			0.32~0.36	245~294	110~130	

附录 C 极限偏差与配合、几何公差及表面粗糙度

表 C-1　标准公差数值（GB/T 1800.3—1998 摘录）　　　　μm

基本尺寸 /mm		>6 ~10	>10 ~18	>18 ~30	>30 ~50	>50 ~80	>80 ~120	>120 ~180	>180 ~250	>250 ~315	>315 ~400
公差等级	IT5	6	8	9	11	13	15	18	20	23	25
	IT6	9	11	13	16	19	22	25	29	32	26
	IT7	15	18	21	25	30	35	40	46	52	57
	IT8	22	27	33	39	46	54	63	72	81	89
	IT9	36	43	52	62	74	87	100	115	130	140
	IT10	58	70	84	100	120	140	160	185	210	230
	IT11	90	110	130	160	190	220	350	290	320	360
	IT12	150	180	210	250	300	350	400	460	520	570

表 C-2　孔的极限偏差值（GB/T 1800.3—1998 摘录）　　　　μm

基本尺寸 /mm		>18 ~24	>24 ~30	>30 ~40	>40 ~50	>50 ~65	>65 ~80	>80 ~100	>100 ~120	>120 ~180	>180 ~250	>250 ~315
公差带	D7	+86 +65		+105 +80		+130 +120		+155 +120		+185 +145	+216 +170	+242 +190
	D8	+98 +65		+119 +80		+146 +100		+174 +120		+208 +145	+242 +170	+242 +190
	▼D9	+117 +65		+142 +80		+174 +100		+207 +120		+245 +145	+285 +170	+271 +190
	D10	+149 +65		+180 +80		+200 +100		+260 +120		+305 +145	+355 +170	+320 +190
	D11	+195 +65		+240 +80		+290 +100		+340 +120		+395 +145	+460 +170	+400 +190
	▼H7	+21 0		+25 0		+30 0		+35 0		+40 0	+46 0	+52 0
	▼H8	+33 0		+39 0		+46 0		+54 0		+63 0	+72 0	+81 0
	▼H9	+52 0		+62 0		+74 0		+87 0		+100 0	+115 0	+130 0
	H10	+84 0		+100 0		+120 0		+140 0		+160 0	+185 0	+210 0
	▼H11	+130 0		+160 0		+190 0		+220 0		+250 0	+290 0	+320 0

注：标注▼者为优先公差带，应优先选用。

表 C-3　轴的极限偏差值（GB/T 1800.3—1998 摘录）　　　　μm

基本尺寸 /mm		>18 ~24	>24 ~30	>30 ~40	>40 ~50	>50 ~65	>65 ~80	>80 ~100	>100 ~120	>120 ~140	>140 ~160	>160 ~180	>180 ~200
	▼d9	−65 −117		−80 −142		−100 −174		−120 −207		−145 −245		−170 −285	
	d10	−65 −149		−80 −180		−100 −220		−120 −260		−145 −305		−170 −355	
	d11	−65 −195		−80 −240		−100 −290		−120 −340		−145 −395		−170 −460	
	▼f7	−20 −41		−25 −50		−30 −60		−36 −71		−43 −83		−50 −96	
	f8	−20 −53		−25 −64		−30 −76		−36 −90		−43 −106		−50 −122	
	f9	−20 −72		−25 −87		−30 −104		−36 −123		−43 −143		−50 −165	
	▼h7	0 −21		0 −25		0 −30		0 −35		0 −40		0 −46	
	h8	0 −33		0 −39		0 −46		0 −54		0 −63		0 −72	
	▼h9	0 −52		0 −62		0 −74		0 −87		0 −100		0 −115	
公	h10	0 −84		0 −100		0 −120		0 −140		0 −160		0 −185	
差	▼h11	0 −130		0 −160		0 −190		0 −220		0 −250		0 −290	
带	js5	±4.5		±5.5		±6.5		±7.5		±9		±10	
	js6	±6.5		±8		±9.5		±11		±12.5		±14.5	
	js7	±10		±12		±15		±17		±20		±23	
	k5	+11 +2		+13 +2		+15 +2		+18 +3		+21 +3		+24 +4	
	▼k6	+15 +2		+18 +2		+21 +2		+25 +3		+28 +3		+33 +4	
	k7	+23 +2		+27 +2		+32 +2		+38 +3		+43 +3		+50 +4	
	m5	+17 +8		+20 +9		+24 +11		+28 +13		+33 +15		+37 +17	
	m6	+21 +8		+25 +9		+30 +11		+35 +13		+40 +15		+46 +17	
	m7	+29 +8		+34 +9		+41 +11		+48 +13		+55 +15		+63 +17	
	n5	+24 +15		+28 +17		+33 +20		+38 +23		+45 +27		+51 +31	

续表

基本尺寸/mm	>18~24	>24~30	>30~40	>40~50	>50~65	>65~80	>80~100	>100~120	>120~140	>140~160	>160~180	>180~200
公差带 ▼n6	+28		+33		+38		+45		+52			+60
	+15		+17		+20		+23		+27			+31
n7	+36		+42		+50		+58		+67			+77
	+15		+17		+20		+23		+27			+31
r5	+37		+45		+54	+56	+66	+69	+81	+83	+86	+97
	+28		+34		+41	+43	+51	+54	+63	+65	+68	+77
r6	+41		+50		+60	+62	+73	+76	+88	+90	+93	+106
	+28		+34		+41	+43	+51	+54	+63	+65	+68	+77
r7	+49		+59		+71	+73	+86	+89	+103	+105	+108	+123
	+28		+34		+41	+43	+51	+54	+63	+65	+68	+77

注：标注▼者为优先公差带，应优先选用。

表 C-4　圆度、圆柱度公差值（GB/T 1184—1996 摘录）　　　　μm

公差等级	主参数/mm									应 用 举 例
	>18~30	>30~50	>50~80	>80~120	>120~180	>180~250	>250~315	>315~400	>400~500	
5	2.5	2.5	3	4	5	7	8	9	10	安装/P6 和 P0 级滚动轴承的配合面、中等压力下的液压装置工作面（包括泵、压缩机的活塞和汽缸）、风动绞车曲轴、通用减速机轴颈、一般机床主轴
6	4	4	5	6	8	10	12	13	15	
7	6	7	8	10	12	14	16	18	20	发动机的涨圈和活塞销及连杆装衬套的孔等、千斤顶或压力液压缸活塞、水泵及减速机轴颈、液压传动系统的分配机构
8	9	11	13	15	18	20	23	25	27	
9	13	16	19	22	25	29	32	36	40	起重机、卷扬机用的滑动轴承，带软密封的低压泵的活塞和汽缸
10	21	25	30	35	40	46	52	57	63	
11	33	39	46	54	63	72	81	89	97	通用机械杠杆、拖拉机的活塞环与套筒孔
12	52	62	74	87	100	115	130	140	155	

注：以被测要素的圆柱、球、圆的直径作为主参数。

表 C-5　平行度、垂直度、倾斜度公差值（GB/T 1184—1996 摘录）　　　　单位：μm

公差等级	主参数/mm								应用举例	
	>25~40	>40~63	>63~100	>100~160	>160~250	>250~400	>400~630	>630~1000	平行度	垂直度和倾斜度
4	6	8	10	12	15	20	25	30	用于重要轴承孔对基准面的要求，一般减速器箱体孔的中心线等	用于安装/P4、/P5级轴承的箱体的凸肩，发动机轴和离合器的凸缘
5	10	12	15	20	25	30	40	50		
6	15	20	25	30	40	50	60	80	用于一般机械中箱体孔中心线的要求，如减速器箱体的轴承孔、7~10级精度齿轮传动箱体的中心线	用于安装/P6、/P0级轴承的箱体孔轴线，低精度机床主要基准面和工作面
7	25	30	40	50	60	80	100	120		
8	40	50	60	80	100	120	150	200	用于重型机械轴承盖的端面，手动传动装置中的传动轴	用于一般导轨，普通传动箱体中的凸肩
9	60	80	100	120	150	200	250	300	用于低精度零件、重型机械滚动轴承端盖等	减速器箱体平面、花键轴轴肩端面等
10	100	120	150	200	250	300	400	500		
11	150	200	250	300	400	500	600	800	零件的非工作面	农业机械齿轮端面等
12	250	300	400	500	600	800	1000	1200		

注：以被测要素的直径或长度作为主参数。

表 C-6　同轴度、对称度、圆跳动和全跳动公差值（GB/T 1184—1996 摘录）　　　μm

公差等级	主参数/mm								应用举例
	>3~6	>6~10	>10~18	>18~30	>30~50	>50~120	>120~250	>250~500	
4	2	2.5	3	4	5	6	8	10	机床主轴轴颈、汽轮机主轴
5	3	4	5	6	8	10	12	15	尺寸按IT6制造的零件，机床轴颈、汽轮机主轴，高精度高速轴6级精度齿轮轴的配合面
6	5	6	8	10	12	15	20	25	尺寸按IT6、7制造的零件、内燃机曲轴、水泵轴及7级精度齿轮轴的配合面
7	8	10	12	15	20	25	30	40	尺寸按IT7、8制造的零件、普通精度的高速轴（1 000 r/min 以下）、8级精度齿轮的配合面

公差等级	主参数/mm								应用举例
	>3 ~6	>6 ~10	>10 ~18	>18 ~30	>30 ~50	>50 ~120	>120 ~250	>250 ~500	
8	12	15	20	25	30	40	50	60	9级精度以下齿轮轴的配合面、水泵叶轮、离心泵泵体,以及通常按尺寸精度IT9制造的零件
9	25	30	40	50	60	80	100	120	内燃机汽缸套配合面、自行车中轴
10	50	60	80	100	120	150	200	250	内燃机活塞环槽底径对活塞中心、汽缸套外圈对内孔
11	80	100	120	150	200	250	300	400	无特殊要求,尺寸精度按IT12制造的零件
12	150	200	250	300	400	500	600	800	

注:以被测要素的直径或宽度作为主参数。

表 C-7 直线度、平面度公差值(GB/T 1184—1996 摘录)　　　μm

公差等级	主参数/mm										应用举例
	≤10	>10 ~16	>16 ~25	>25 ~40	>40 ~63	>63 ~100	>100 ~160	>160 ~250	>250 ~400	>400 ~630	
5	2	2.5	3	4	5	6	8	10	12	15	平面磨床导轨、液压龙门刨及转塔车床导轨,柴油机进排气门导杆
6	3	4	5	6	8	10	12	15	20	25	普通机床导轨及柴油机机体的结合面
7	5	6	8	10	12	15	20	25	30	40	机床主轴箱、镗床工作台、液压泵泵盖
8	8	10	12	15	20	25	30	40	50	60	机床主轴箱及减速机箱体的结合面、油泵、轴系支承轴承的结合面
9	12	15	20	25	30	40	50	60	80	100	辅助机构或手动机械的支承面、柴油机缸体和连杆的分离面
10	20	25	30	40	50	60	80	100	120	150	床身底面,液压管件和法兰的连接面
11	30	40	50	60	80	100	120	150	200	250	离合器的摩擦片

注:直线度以棱线、素线和回转表面的轴线长度作为主参数;平面度以矩形平面的较长边和圆平面的直径作为主参数。

附录 D　齿轮传动的精度

表 D-1　各类机械传动中所应用的齿轮精度等级

产品类型	精度等级	产品类型	精度等级	产品类型	精度等级	产品类型	精度等级
测量齿轮	2～5	汽车底盘	5～8	拖拉机	6～9	矿用绞车	8～10
透平齿轮	3～6	轻型汽车	5～8	通用减速器	6～9	起重机械	7～10
金属切削机床	3～8	载重汽车	6～9	轧钢机	6～10	农业机械	8～11
内燃机车	6～7	航空发动机	4～8				

注:本表不属于国家标准内容,仅供参考。

表 D-2　圆柱齿轮偏差值　　　　　　　　　　　　　　　　　　　μm

项　目		径向跳动公差 F_r				齿距累积总偏差 F_p				齿廓总偏差 F_α			
分度圆直径 d/mm	法向模数 m_n/mm	精度等级				精度等级				精度等级			
		6	7	8	9	6	7	8	9	6	7	8	9
20<d≤50	0.5<m_n≤2	16	23	32	46	20	29	41	57	7.5	10	15	21
	2<m_n≤3.5	17	24	34	47	21	30	42	59	10	14	20	29
	3.5<m_n≤6	17	25	35	49	22	31	44	62	12	18	25	35
	6<m_n≤10	19	26	37	52	23	33	46	65	15	22	31	43
50<d≤125	0.5<m_n≤2	21	29	42	59	26	37	52	74	8.5	12	17	23
	2<m_n≤3.5	21	30	43	61	27	38	53	76	11	16	22	31
	3.5<m_n≤6	22	31	44	62	28	39	55	78	13	19	27	38
	6<m_n≤10	23	33	46	65	29	41	58	82	16	23	33	46
125<d≤280	0.5<m_n≤2	28	39	55	78	35	49	69	98	10	14	20	28
	2<m_n≤3.5	28	40	56	80	35	50	70	100	13	18	25	36
	3.5<m_n≤6	29	41	58	82	36	51	72	102	15	21	30	42
	6<m_n≤10	30	42	60	85	37	53	75	106	18	25	36	50
280<d≤560	0.5<m_n≤2	36	51	73	103	46	64	91	129	12	17	23	33
	2<m_n≤3.5	37	52	74	105	46	65	92	131	15	21	29	41
	3.5<m_n≤6	38	53	75	106	47	66	94	133	17	24	34	48
	6<m_n≤10	39	55	77	109	48	68	97	137	20	28	40	56

续表

项　目		单个齿距偏差 $\pm f_{pt}$				径向综合总偏差 F_i''				
分度圆直径 d/mm	法向模数 m_n/mm	精度等级				法向模数 m_n/mm	精度等级			
		6	7	8	9		6	7	8	9
20<d≤50	0.5<m_n≤2	7	10	14	20	1.5<m_n≤2.5	26	37	52	73
	2<m_n≤3.5	7.5	11	15	22	2.5<m_n≤4.0	31	44	63	89
	3.5<m_n≤6	8.5	12	17	24	4.0<m_n≤6.0	39	56	79	111
	6<m_n≤10	10	14	20	28	6.0<m_n≤10	52	74	104	147
50<d≤125	0.5<m_n≤2	7.5	11	15	21	1.5<m_n≤2.5	31	43	61	86
	2<m_n≤3.5	8.5	12	17	23	2.5<m_n≤4.0	36	51	72	102
	3.5<m_n≤6	9	13	18	26	4.0<m_n≤6.0	44	62	88	124
	6<m_n≤10	10	15	21	30	6.0<m_n≤10	57	80	114	161
125<d≤280	0.5<m_n≤2	8.5	12	17	24	1.5<m_n≤2.5	37	53	75	106
	2<m_n≤3.5	9	13	18	26	2.5<m_n≤4.0	43	61	86	121
	3.5<m_n≤6	10	14	20	28	4.0<m_n≤6.0	51	72	102	144
	6<m_n≤10	11	16	23	32	6.0<m_n≤10	64	90	127	180
280<d≤560	0.5<m_n≤2	9.5	13	19	27	1.5<m_n≤2.5	46	65	92	131
	2<m_n≤3.5	10	14	20	29	2.5<m_n≤4.0	52	73	104	146
	3.5<m_n≤6	11	16	22	31	4.0<m_n≤6.0	60	84	119	169
	6<m_n≤10	12	17	25	35	6.0<m_n≤10	73	103	145	205

表 D-3　螺旋线总偏差 F_β 值　　　　μm

分度圆直径 d/mm		20<d≤50			50<d≤125				125<d≤280			
齿宽 b/mm		20<b≤40	40<b≤80	80<b≤160	20<b≤40	40<b≤80	80<b≤160	160<b≤250	20<b≤40	40<b≤80	80<b≤160	160<b≤250
精度等级	6	11.0	13.0	16.0	12.0	14.0	17.0	20.0	13.0	15.0	17.0	20.0
	7	16.0	19.0	23.0	17.0	20.0	24.0	28.0	18.0	21.0	25.0	29.0
	8	23.0	27.0	32.0	24.0	28.0	33.0	40.0	25.0	29.0	35.0	41.0
	9	32.0	38.0	46.0	34.0	39.0	47.0	56.0	36.0	41.0	49.0	58.0

表 D-4　中、大模数齿轮最小侧隙 j_{bnmin} 的推荐值（GB/Z 18620.2—2008）　　　　mm

m_n	最小中心距 a_i					
	50	100	200	400	800	1 600
1.5	0.09	0.11	—	—	—	—
2	0.10	0.12	0.15	—	—	—
3	0.12	0.14	0.17	0.24	—	—
5	—	0.18	0.21	0.28	—	—
8	—	0.24	0.27	0.34	0.47	—
12	—	—	0.35	0.42	0.55	—
18	—	—	—	0.54	0.67	0.94

注：① 本表适用于工业装置中其齿轮(粗齿距)和箱体均为钢铁金属制造的,工作时,节圆速度<15 m/s,轴承、轴和箱体均采用常用的商业制造公差;

② 表中的数值也可由 $j_{bnmin}=\dfrac{2}{3}(0.06+0.000\,5a_i+0.03\,m_n)$ 计算。

表 D-5　齿厚极限偏差 E_{sn} 的参考值　　　　μm

分度圆直径 d/mm	偏差名称	精度6级			精度7级			精度8级			精度9级		
		法面模数/mm			法面模数/mm			法面模数/mm			法面模数/mm		
		$\geqslant 1$ ~ 3.5	>3.5 ~ 6.3	>6.3 ~ 10	$\geqslant 1$ ~ 3.5	>3.5 ~ 6.3	>6.3 ~ 10	$\geqslant 1$ ~ 3.5	>3.5 ~ 6.3	>6.3 ~ 10	$\geqslant 1$ ~ 3.5	>3.5 ~ 6.3	>6.3 ~ 10
$\leqslant 80$	E_{sns}	−80	−78	−84	−112	−108	−120	−120	−100	−112	−112	−144	−160
	E_{sni}	−120	−104	−112	−168	−180	−160	−200	−150	−168	−224	−216	−240
>80 ~ 125	E_{sns}	−100	−104	−112	−112	−108	−120	−120	−150	−112	−168	−144	−160
	E_{sni}	−160	−130	−140	−168	−180	−160	−200	−200	−168	−280	−216	−240
>125 ~ 180	E_{sns}	−110	−112	−128	−128	−120	−132	−132	−168	−128	−192	−160	−180
	E_{sni}	−176	−168	−192	−192	−200	−220	−220	−280	−256	−320	−320	−270
>180 ~ 250	E_{sns}	−132	−140	−128	−128	−160	−132	−176	−168	−192	−192	−160	−180
	E_{sni}	−176	−224	−192	−192	−240	−220	−264	−280	−256	−320	−320	−270
>250 ~ 315	E_{sns}	−132	−140	−128	−160	−160	−176	−176	−168	−192	−192	−240	−180
	E_{sni}	−176	−224	−192	−256	−240	−264	−264	−280	−256	−320	−400	−270
>315 ~ 400	E_{sns}	−176	−168	−160	−192	−160	−176	−176	−168	−192	−256	−240	−270
	E_{sni}	−220	−224	−256	−256	−240	−264	−264	−280	−256	−384	−400	−360
>400 ~ 500	E_{sns}	−208	−168	−180	−180	−200	−200	−200	−224	−216	−288	−240	−300
	E_{sni}	−260	−224	−288	−288	−320	−300	−300	−336	−288	−432	−400	−400
>500 ~ 630	E_{sns}	−208	−224	−180	−216	−200	−200	−200	−224	−216	−288	−240	−300
	E_{sni}	−260	−280	−288	−360	−320	−300	−300	−336	−360	−432	−400	−400
>630 ~ 800	E_{sns}	−208	−224	−216	−216	−240	−250	−250	−224	−288	−288	−320	−300
	E_{sni}	−325	−280	−288	−360	−320	−400	−400	−336	−432	−432	−480	−400

注：① 本表不属于 GB/T 10095—2008,仅供参考;

② 按本表选择齿厚极限偏差时,可以使齿轮副在齿轮和壳体温度为 25℃时不会因发热而卡住;

③ 精度等级按齿轮的最高精度等级查表。

表 D-6　公法线长度 W' ($m_n = 1$ mm, $\alpha_n = 20°$)　　　　mm

齿轮齿数 Z	跨测齿数 K	公法线长度 W'	齿轮齿数 Z	跨测齿数 K	公法线长度 W'	齿轮齿数 Z	跨测齿数 K	公法线长度 W'	齿轮齿数 Z	跨测齿数 K	公法线长度 W'	齿轮齿数 Z	跨测齿数 K	公法线长度 W'	齿轮齿数 Z	跨测齿数 K	公法线长度 W'
11	2	4.5823	46	6	16.8810	81	10	29.1797	116	13	38.5263	151	17	50.8250
12	2	4.5963	47	6	16.8950	82	10	29.1937	117	14	41.4924	152	17	50.8390
13	2	4.6103	48	6	16.9090	83	10	29.2077	118	14	41.5064	153	18	53.8051
14	2	4.6243	49	6	16.9230	84	10	29.2217	119	14	41.5204	154	18	53.8192
15	2	4.6383	50	6	16.9370	85	10	29.2357	120	14	41.5344	155	18	53.8332
16	2	4.6523	51	6	16.9510	86	10	29.2497	121	14	41.5484	156	18	53.8472
17	2	4.6663	52	6	16.9660	87	10	29.2637	122	14	41.5625	157	18	53.8612
18	3	7.6324	53	6	16.9790	88	10	29.2777	123	14	41.5765	158	18	53.8752
19	3	7.6464	54	7	19.9452	89	10	29.2917	124	14	41.5905	159	18	53.8892
20	3	7.6604	55	7	19.9592	90	11	32.2579	125	14	41.6045	160	18	53.9032
21	3	7.6744	56	7	19.9732	91	11	32.2719	126	15	44.5706	161	18	53.9172
22	3	7.6885	57	7	19.9872	92	11	32.2859	127	15	44.5846	162	19	56.8833
23	3	7.7025	58	7	20.0012	93	11	32.2999	128	15	44.5986	163	19	56.8973
24	3	7.7165	59	7	20.0152	94	11	32.3139	129	15	44.6126	164	19	56.9113
25	3	7.7305	60	7	20.0292	95	11	32.3279	130	15	44.6266	165	19	56.9253
26	3	7.7445	61	7	20.0432	96	11	32.3419	131	15	44.6406	166	19	56.9394
27	4	10.7106	62	7	20.0572	97	11	32.3559	132	15	44.6546	167	19	56.9534
28	4	10.7246	63	8	23.0233	98	11	32.3699	133	15	44.6686	168	19	56.9674
29	4	10.7386	64	8	23.0373	99	12	35.3361	134	15	44.6826	169	19	56.9814
30	4	10.7526	65	8	23.0513	100	12	35.3501	135	16	47.6488	170	19	56.9954
31	4	10.7666	66	8	23.0654	101	12	35.3641	136	16	47.6628	171	20	59.9615
32	4	10.7806	67	8	23.0794	102	12	35.3781	137	16	47.6768	172	20	59.9755
33	4	10.7946	68	8	23.0934	103	12	35.3921	138	16	47.6908	173	20	59.9895
34	4	10.8086	69	8	23.1074	104	12	35.4061	139	16	47.7048	174	20	60.0035
35	4	10.8227	70	8	23.1214	105	12	35.4201	140	16	47.7188	175	20	60.0175
36	5	13.7888	71	8	23.1354	106	12	35.4341	141	16	47.7328	176	20	60.0315
37	5	13.8028	72	9	26.1015	107	12	35.4481	142	16	47.7468	177	20	60.0455
38	5	13.8168	73	9	26.1155	108	13	38.4142	143	16	47.7608	178	20	60.0595
39	5	13.8308	74	9	26.1295	109	13	38.4282	144	17	50.7270	179	20	60.0736
40	5	13.8448	75	9	26.1435	110	13	38.4423	145	17	50.7410	180	21	63.0397
41	5	13.8588	76	9	26.1575	111	13	38.4563	146	17	50.7550	181	21	63.0537
42	5	13.8728	77	9	26.1715	112	13	38.4703	147	17	50.7690	182	21	63.0677
43	5	13.8868	78	9	26.1855	113	13	38.4843	148	17	50.7830	183	21	63.0817
44	5	13.9008	79	9	26.1996	114	13	38.4983	149	17	50.7970	184	21	63.0957
45	6	16.8670	80	9	26.2136	115	13	38.5123	150	17	50.8110	185	21	63.1097

注：① 对于标准直齿圆柱齿轮，公法线长度 $W = W' m_n$，其中 W' 为 $m_n = 1$ mm、$\alpha_n = 20°$ 时的公法线长度，可查本表；跨测齿数 K 可查本表；

② 对于标准斜齿圆柱齿轮，先由 β 从表 D-7 查出 K_β 值，计算出 $Z' = Z K_\beta$ (Z' 取到小数点后两位)，再按 Z' 的整数部分查本表得 W'，按 Z' 的小数部分由表 D-8 查出对应的 $\Delta W'$，则 $W = (W' + \Delta W') m_n$；$K = 0.1111 Z' + 0.5$，K 值应四舍五入成整数；

③ 对于变位直齿圆柱齿轮，$W = [2.9521 \times (K - 0.5) + 0.0140 Z + 0.6840 x] m$；$K = 0.1111 Z + 0.5 - 0.2317 x$，$K$ 值应四舍五入成整数；

④ 本表不属于 GB/T 10095—2008。

表 D-7　当量齿数系数 $K_\beta(\alpha_n = 20°)$

β	K_β	差　值	β	K_β	差　值	β	K_β	差　值	β	K_β	差　值
1°	1.000		9°	1.036		17°	1.136		25°	1.323	
		0.002			0.009			0.018			0.031
2°	1.002		10°	1.045		18°	1.154		26°	1.354	
		0.002			0.009			0.019			0.034
3°	1.004		11°	1.054		19°	1.173		27°	1.388	
		0.003			0.011			0.021			0.036
4°	1.007		12°	1.065		20°	1.194		28°	1.424	
		0.004			0.012			0.022			0.038
5°	1.011		13°	1.077		21°	1.216		29°	1.462	
		0.005			0.013			0.024			0.042
6°	1.016		14°	1.090		22°	1.240		30°	1.504	
		0.006			0.014			0.026			0.044
7°	1.022		15°	1.104		23°	1.266		31°	1.548	
		0.006			0.015			0.027			0.047
8°	1.028		16°	1.119		24°	1.293		32°	1.595	
		0.008			0.017			0.030			

注：对于 β 为中间值的系数 K_β 和差值，可按内插法求出。

表 D-8　公法线长度的修正值 $\Delta W'$　　　　　　　　　　mm

$\Delta Z'$	0.00	0.01	0.02	0.03	0.04	0.05	0.06	0.07	0.08	0.09
0.0	0.000	0.0001	0.0003	0.0004	0.0006	0.0007	0.0008	0.0010	0.0011	0.0013
0.1	0.0014	0.0015	0.0017	0.0018	0.0020	0.0021	0.0022	0.0024	0.0025	0.0027
0.2	0.0028	0.0029	0.0031	0.0032	0.0034	0.0035	0.0036	0.0038	0.0039	0.0041
0.3	0.0042	0.0043	0.0045	0.0046	0.0048	0.0049	0.0051	0.0052	0.0053	0.0055
0.4	0.0056	0.0057	0.0059	0.0060	0.0061	0.0063	0.0064	0.0066	0.0067	0.0069
0.5	0.0070	0.0071	0.0073	0.0074	0.0076	0.0077	0.0079	0.0080	0.0081	0.0083
0.6	0.0084	0.0085	0.0087	0.0088	0.0089	0.0091	0.0092	0.0094	0.0095	0.0097
0.7	0.0098	0.0099	0.0101	0.0102	0.0104	0.0105	0.0106	0.0108	0.0109	0.0111
0.8	0.0112	0.0114	0.0115	0.0116	0.0118	0.0119	0.0120	0.0122	0.0123	0.0124
0.9	0.0126	0.0127	0.0129	0.0130	0.0132	0.0133	0.0135	0.0136	0.0137	0.0139

注：例如，当 $\Delta Z' = 0.65$ 时，由此表查得 $\Delta W' = 0.0091$。

表 D-9　切齿时的径向进刀公差 b_r

齿轮传递动力准确性的精度等级	6	7	8	9
b_r	1.26IT8	IT9	1.26IT9	IT10

注：IT 为标准公差，其值查表 C-1。

表 D-10　圆柱齿轮副中心距极限偏差 $\pm f_a$ 值　　　μm

项　目		精 度 等 级			
		6	7	8	9
齿轮副的中心距 /mm	>50～80	15	23		37
	>80～120	17.5	27		43.5
	>120～180	20	31.5		50
	>180～250	23	36		57.5
	>250～315	26	40.5		65
	>315～400	28.5	44.5		70
	>400～500	31.5	48.5		77.5
	>500～630	35	55		87

表 D-11　齿轮装配后的接触斑点（摘自 GB/T 18620.2—2008）

精 度 等 级	占齿宽的百分比	占有效齿面高度的百分比
4 级及更高	50%	70%（50%）
5 和 6 级	45%	50%（40%）
7 和 8 级	35%	50%（40%）
9～12 级	25%	50%（40%）

注：括号内的数值为斜齿轮的接触斑点。

表 D-12　齿坯公差

齿轮精度等级[1]		6	7 和 8	9
孔	尺寸公差	IT6	IT7[3]	IT8
	形状公差			
轴	尺寸公差	IT5	IT6	IT7
	形状公差			
顶圆直径	作测量基准	IT8		IT9
	不作测量基准	按 IT11 给定，但不大于 $0.1m_n$		
基准面的径向圆跳动[2] 和端面圆跳动/μm	分度圆直径 /mm	≤125	11	18	28
		>125～400	14	22	36
		>400～800	20	32	50

注：① 当齿轮各项精度等级不同时，按最高的精度等级确定公差值；

　　② 当以顶圆作基准面时，基准面的径向圆跳动就是顶圆的径向圆跳动；

　　③ 表中 IT 为标准公差，其值查表 C-1；

　　④ 本表不属于国家标准，仅供参考。

附录 E 常用传动件结构

表 E-1 普通 V 带轮的结构及其尺寸

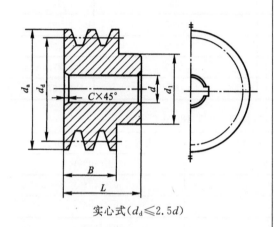

实心式$(d_d \leqslant 2.5d)$

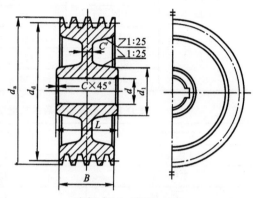

腹板式$(d_d \leqslant 300 \text{ mm})$

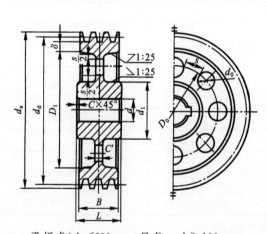

孔板式$(d_d \leqslant 300 \text{ mm}$,且 $D_1 - d_1 \geqslant 100 \text{ mm})$

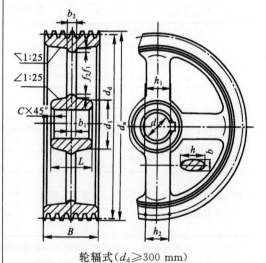

轮辐式$(d_d \geqslant 300 \text{ mm})$

$$d_1 = (1.8 \sim 2)d;D_0 = 0.5(D_1 + d_1);d_0 = (0.2 \sim 0.3)(D_1 - d_1)$$

$$C' = (1/7 \sim 1/4)B;s = C';L = (1.5 \sim 2)d \text{ 当 } B < 1.5d \text{ 时},L = B$$

$$h_1 = 290 \sqrt[3]{P/(nz_a)},h_2 = 0.8h_1;b_1 = 0.4h_1;b_2 = 0.8b_1;f_1 = 0.2h_1;f_2 = 0.2h_2$$

式中,P 为带传递的功率(kW);n 为带轮的转速(r/min);z_a 为轮辐数。

表 E-2 普通 V 带轮的轮槽尺寸

截型	Y	Z	A	B	C	D	E
h_0	6.3	9.5	12	15	20	28	33
h_{amin}	1.6	2.0	2.75	3.5	4.8	8.1	9.6
e	8	12	15	19	25.5	37	44.5
f	7	8	19	12.5	17	23	29
b_p	5.3	8.5	11.0	14.0	19.0	27.0	32.0
δ	5	5.5	6	7.5	10	12	15
B	\multicolumn{7}{c}{$B=(z-1)e+2f$，z 为带根数}

φ		D						
32°	$\leqslant 60$							
34°			$\leqslant 80$	$\leqslant 118$	$\leqslant 190$	$\leqslant 315$		
36°	>60						$\leqslant 475$	$\leqslant 600$
38°			>80	>118	>190	>315	>475	>600

表 E-3 圆柱齿轮的结构及其尺寸

锻 造 齿 轮

实心式

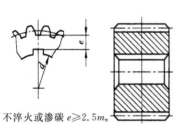

不淬火或渗碳 $e \geqslant 2.5 m_n$

渗碳、火焰或感应淬火 $e \geqslant 3.5 m_n$

火焰或感应回转淬火 $e \geqslant 6 m_n$

$e < 2.5 m_n$ 时采用图 6-14 所示齿轮轴结构

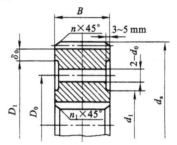

如无重量限制和无快速变转向，对中、小尺寸齿轮是最经济的结构。

$\delta_0 \geqslant 3$ mm

$d_1 = 1.6d$

$d_0 \approx d_a / 20 \geqslant 30$ mm

$D_0 = 0.55(D_1 + d_1)$

$n \approx m_n$

腹板式

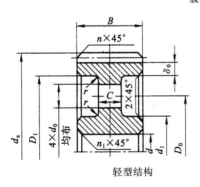

轻型结构

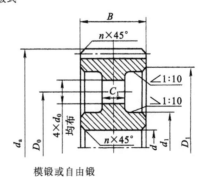

模锻或自由锻

$d_1 = 1.6d$

$\delta_0 = 2.5 m_n \geqslant 8 \sim 10$ mm

$D_0 = 0.55(D_1 + d_1)$

$n \approx m_n$

$d_0 = 0.25(D_1 - d_1)$

$r \approx 0.6 + 0.14m$

$C = (0.2 \sim 0.3)B$

$C_1 = (0.2 \sim 0.3)B > 15$ mm

续表

铸 造 齿 轮

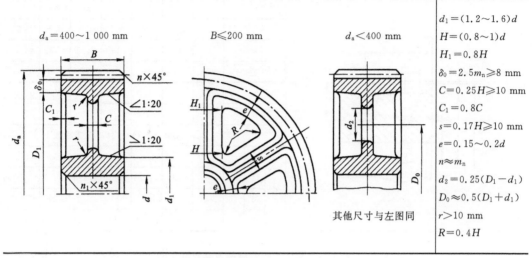

$d_1 = (1.2 \sim 1.6)d$

$H = (0.8 \sim 1)d$

$H_1 = 0.8H$

$\delta_0 = 2.5m_n \geqslant 8$ mm

$C = 0.25H \geqslant 10$ mm

$C_1 = 0.8C$

$s = 0.17H \geqslant 10$ mm

$e = 0.15 \sim 0.2d$

$n \approx m_n$

$d_2 = 0.25(D_1 - d_1)$

$D_0 \approx 0.5(D_1 + d_1)$

$r > 10$ mm

$R = 0.4H$

$d_a = 400 \sim 1\,000$ mm

$B \leqslant 200$ mm

$d_a < 400$ mm

其他尺寸与左图同

注：当 $x < 3.5m_t$，或 $d_a < 2d$ 时，应将齿轮做成齿轮轴。

附录F 滚动轴承

表 F-1 深沟球轴承（摘自 GB/T 276—1994）

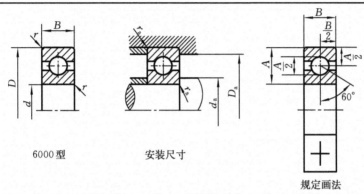

6000型　　　　安装尺寸

规定画法

标记示例　滚动轴承 6306 GB/T 276—1994

F_a/C_{0r}	e	Y	径向当量动载荷	径向当量静载荷
0.014	0.19	2.30		
0.028	0.22	1.99	当 $F_a/F_r > e$，	$P_{0r} = 0.6F_r + 0.5F_a$
0.056	0.26	1.71	$P_r = 0.56F_r + YF_a$	取上列两式计算结果的较大值
0.084	0.28	1.55		
0.11	0.30	1.45		
0.17	0.34	1.31		
0.28	0.38	1.15		
0.42	0.42	1.04		
0.56	0.44	1.00		

轴承代号	基本尺寸/mm				安装尺寸/mm			基本额定动载荷 C_r /kN	基本额定静载荷 C_{0r} /kN	极限转速/（r/min）	
	d	D	B	r_s min	d_a min	D_a max	r_{as} max			脂润滑	油润滑
6000	10	26	8	0.3	12.4	23.6	0.3	4.58	1.98	20 000	28 000
6001	12	28	8	0.3	14.4	25.6	0.3	5.10	2.38	19 000	26 000
6002	15	32	9	0.3	17.4	29.6	0.3	5.58	2.85	18 000	24 000
6003	17	35	10	0.3	19.4	32.6	0.3	6.00	3.25	17 000	22 000
6004	20	42	12	0.6	25	37	0.6	9.38	5.02	15 000	19 000
6005	25	47	12	0.6	30	42	0.6	10.0	5.85	13 000	17 000
6006	30	55	13	1	36	49	1	13.2	8.30	10 000	14 000
6007	35	62	14	1	41	56	1	16.2	10.5	9 000	12 000
6008	40	68	15	1	46	62	1	17.0	11.8	8 500	11 000
6009	45	75	16	1	51	69	1	21.0	14.8	8 000	10 000
6010	50	80	16	1	56	74	1	22.0	16.2	7 000	9 000

轴承代号	基本尺寸/mm				安装尺寸/mm			基本额定动载荷 C_r /kN	基本额定静载荷 C_{0r} /kN	极限转速/ (r/min)	
	d	D	B	r_s min	d_a min	D_a max	r_{as} max			脂润滑	油润滑
6011	55	90	18	1.1	62	83	1	30.2	21.8	6 300	8 000
6012	60	95	18	1.1	67	88	1	31.5	24.2	6 000	7 500
6013	65	100	18	1.1	72	93	1	32.0	24.8	5 600	7 000
6014	70	110	20	1.1	77	103	1	38.5	30.5	5 300	6 700
6015	75	115	20	1.1	82	108	1	40.2	33.2	5 000	6 300
6016	80	125	22	1.1	87	118	1	47.5	39.8	4 800	6 000
6017	85	130	22	1.1	92	123	1	50.8	42.8	4 500	5 600
6018	90	140	24	1.5	99	131	1.5	58.0	49.8	4 300	5 300
6019	95	145	24	1.5	104	136	1.5	57.8	50.0	4 000	5 000
6020	100	150	24	1.5	109	141	1.5	64.5	56.2	3 800	4 800
6200	10	30	9	0.6	15	25	0.6	5.10	2.38	19 000	26 000
6201	12	32	10	0.6	17	27	0.6	6.82	3.05	18 000	24 000
6202	15	35	11	0.6	20	30	0.6	7.65	3.72	17 000	22 000
6203	17	40	12	0.6	22	35	0.6	9.58	4.78	16 000	20 000
6204	20	47	14	1	26	41	1	12.8	6.65	14 000	18 000
6205	25	52	15	1	31	46	1	14.0	7.88	12 000	16 000
6206	30	62	16	1	36	56	1	19.5	11.5	9 500	13 000
6207	35	72	17	1.1	42	65	1	25.5	15.2	8 500	11 000
6208	40	80	18	1.1	47	73	1	29.5	18.0	8 000	10 000
6209	45	85	19	1.1	52	78	1	31.5	20.5	7 000	9 000
6210	50	90	20	1.1	57	83	1	35.0	23.2	6 700	8 500
6211	55	100	21	1.5	64	91	1.5	43.2	29.2	6 000	7 500
6212	60	110	22	1.5	69	101	1.5	47.8	32.8	5 600	7 000
6213	65	120	23	1.5	74	111	1.5	57.2	40.0	5 000	6 300
6214	70	125	24	1.5	79	116	1.5	60.8	45.0	4 800	6 000
6215	75	130	25	1.5	84	121	1.5	66.0	49.5	4 500	5 600
6216	80	140	26	2	90	130	2	71.5	54.2	4 300	5 300
6217	85	150	28	2	95	140	2	83.2	63.8	4 000	5 000
6218	90	160	30	2	100	150	2	95.8	71.5	3 800	4 800
6219	95	170	32	2.1	107	158	2.1	110	82.8	3 600	4 500
6220	100	180	34	2.1	112	168	2.1	122	92.8	3 400	4 300
6300	10	35	11	0.6	15	30	0.6	7.65	3.48	18 000	24 000
6301	12	37	12	1	18	31	1	9.72	5.08	17 000	22 000
6302	15	42	13	1	21	36	1	11.5	5.42	16 000	20 000
6303	17	47	14	1	23	41	1	13.5	6.58	15 000	19 000
6304	20	52	15	1.1	27	45	1	15.8	7.88	13 000	17 000
6305	25	62	17	1.1	32	55	1	22.2	11.5	10 000	14 000
6306	30	72	19	1.1	37	65	1	27.0	15.2	9 000	12 000
6307	35	80	21	1.5	44	71	1.5	33.2	19.2	8 000	10 000
6308	40	90	23	1.5	49	81	1.5	40.8	24.0	7 000	9 000

续表

轴承代号	基本尺寸/mm				安装尺寸/mm			基本额定动载荷 C_r/kN	基本额定静载荷 C_{0r}/kN	极限转速/(r/min)	
	d	D	B	r_s min	d_a min	D_a max	r_{as} max			脂润滑	油润滑
6309	45	100	25	1.5	54	91	1.5	52.8	31.8	6 300	8 000
6310	50	110	27	2	60	100	2	61.8	38.0	6 000	7 500
6311	55	120	29	2	65	110	2	71.5	44.8	5 300	6 700
6312	60	130	31	2.1	72	118	2.1	81.8	51.8	5 000	6 300
6313	65	140	33	2.1	77	128	2.1	93.8	60.5	4 500	5 600
6314	70	150	35	2.1	82	138	2.1	105	68.0	4 300	5 300
6315	75	160	37	2.1	87	148	2.1	112	76.8	4 000	5 000
6316	80	170	39	2.1	92	158	2.1	122	86.5	3 800	4 800
6317	85	180	41	3	99	166	2.5	132	96.5	3 600	4 500
6318	90	190	43	3	104	176	2.5	145	108	3 400	4 300
6319	95	200	45	3	109	186	2.5	155	122	3 200	4 000
6320	100	215	47	3	114	201	2.5	172	140	2 800	3 600
6403	17	62	17	1.1	24	55	1	22.5	10.8	11 000	15 000
6404	20	72	19	1.1	27	65	1	31.0	15.2	9 500	13 000
6405	25	80	21	1.5	34	71	1.5	38.2	19.2	8 500	11 000
6406	30	90	23	1.5	39	81	1.5	47.5	24.5	8 000	10 000
6407	35	100	25	1.5	44	91	1.5	56.8	29.5	6 700	8 500
6408	40	110	27	2	50	100	2	65.5	37.5	6 300	8 000
6409	45	120	29	2	55	110	2	77.5	45.5	5 600	7 000
6410	50	130	31	2.1	62	118	2.1	92.2	55.2	5 300	6 700
6411	55	140	33	2.1	67	128	2.1	100	62.5	4 800	6 000
6412	60	150	35	2.1	72	138	2.1	108	70.0	4 500	5 600
6413	65	160	37	2.1	77	148	2.1	118	78.5	4 300	5 300
6414	70	180	42	3	84	166	2.5	140	99.5	3 800	4 800
6415	75	190	45	3	89	176	2.5	155	115	3 600	4 500
6416	80	200	48	3	94	186	2.5	162	125	3 400	4 300
6417	85	210	52	4	103	192	3	175	138	3 200	4 000
6418	90	225	54	4	108	207	3	192	158	2 800	3 600
6420	100	250	58	4	118	232	3	222	195	2 400	3 200

注:① 表中 C_r 值适用于轴承为真空脱气轴承钢材料,如为普通电炉钢,C_r 值降低;如为真空重熔或电渣重熔轴承钢,C_r 值提高;

② 表中的 r_{smin} 为 r 的单向最小倒角尺寸,r_{asmax} 为 r_a 的单向最大倒角尺寸。

表 F-2　角接触球轴承（摘自 GB/T 292—1994）

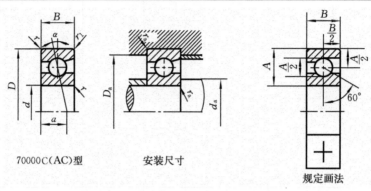

70000C(AC)型　　　　安装尺寸　　　　　　　　　规定画法

标记示例　滚动轴承 7306C GB/T 292—1994

F_a/C_{0r}	e	Y	70000C 型	70000AC 型
0.015	0.38	1.47	径向当量动载荷	径向当量动载荷
0.029	0.40	1.40	当 $F_a/F_r \leqslant e, P_r = F_r$	当 $F_a/F_r \leqslant 0.68, P_r = F_r$
0.058	0.43	1.30	当 $F_a/F_r > e, P_r = 0.44F_r + YF_a$	当 $F_a/F_r > 0.68, P_r = 0.41F_r + 0.87F_a$
0.087	0.46	1.23		
0.12	0.47	1.19	径向当量静载荷	径向当量静载荷
0.17	0.50	1.12	$P_{0r} = F_r$	$P_{0r} = F_r$
0.29	0.55	1.02	$P_{0r} = 0.5F_r + 0.46F_a$	$P_{0r} = 0.5F_r + 0.38F_a$
0.44	0.56	1.00	取上列两式计算结果的较大值	取上列两式计算结果的较大值
0.58	0.56	1.00		

轴承代号		基本尺寸/mm					安装尺寸/mm				70000C ($\alpha=15°$)			70000AC ($\alpha=25°$)			极限转速 /(r/min)	
		d	D	B	r_s	r_{1s}	d_a	D_a	r_{as}	a /mm	基本额定		a /mm	基本额定		脂润滑	油润滑
					min		min	max			动载荷 C_r /kN	静载荷 C_{0r} /kN		动载荷 C_r /kN	静载荷 C_{0r} /kN		
7000C	7000AC	10	26	8	0.3	0.15	12.4	23.6	0.3	6.4	4.92	2.25	8.2	4.75	2.12	19 000	28 000
7001C	7001AC	12	28	8	0.3	0.15	14.4	25.6	0.3	6.7	5.42	2.65	8.7	5.20	2.55	18 000	26 000
7002C	7002AC	15	32	9	0.3	0.15	17.4	29.6	0.3	7.6	6.25	3.42	10	5.95	3.25	17 000	24 000
7003C	7003AC	17	35	10	0.3	0.15	19.4	32.6	0.3	8.5	6.60	3.85	11.1	6.30	3.68	16 000	22 000
7004C	7004AC	20	42	12	0.6	0.15	25	37	0.6	10.2	10.5	6.08	13.2	10.0	5.78	14 000	19 000
7005C	7005AC	25	47	12	0.6	0.15	30	42	0.6	10.8	11.5	7.45	14.4	11.2	7.08	12 000	17 000
7006C	7006AC	30	55	13	1	0.3	36	49	1	12.2	15.2	10.2	16.4	14.5	9.85	9 500	14 000
7007C	7007AC	35	62	14	1	0.3	41	56	1	13.5	19.5	14.2	18.3	18.5	13.5	8 500	12 000
7008C	7008AC	40	68	15	1	0.3	46	62	1	14.7	20.0	15.2	20.1	19.0	14.5	8 000	11 000
7009C	7009AC	45	75	16	1	0.3	51	69	1	16	25.8	20.5	21.9	25.8	19.5	7 500	10 000
7010C	7010AC	50	80	16	1	0.3	56	74	1	16.7	26.5	22.0	23.2	25.2	21.0	6 700	9 000
7011C	7011AC	55	90	18	1.1	0.6	62	83	1	18.7	37.2	30.5	25.9	35.2	29.2	6 000	8 000
7012C	7012AC	60	95	18	1.1	0.6	67	88	1	19.4	38.2	32.8	27.1	36.2	31.5	5 600	7 500
7013C	7013AC	65	100	18	1.1	0.6	72	93	1	20.1	40.0	35.5	28.2	38.0	33.8	5 300	7 000
7014C	7014AC	70	110	20	1.1	0.6	77	103	1	22.1	48.2	43.5	30.9	45.8	41.5	5 000	6 700
7015C	7015AC	75	115	20	1.1	0.6	82	108	1	22.7	49.5	46.5	32.2	46.8	44.2	4 800	6 300

续表

轴承代号		基本尺寸/mm					安装尺寸/mm			70000C ($\alpha=15°$)			70000AC ($\alpha=25°$)			极限转速 /(r/min)	
					r_s	r_{1s}	d_a	D_a	r_{as}		基本额定			基本额定			
		d	D	B	min		min	max		a /mm	动载 荷 C_r /kN	静载 荷 C_{0r} /kN	a /mm	动载 荷 C_r /kN	静载 荷 C_{0r} /kN	脂润滑	油润滑
7016C	7016AC	80	125	22	1.5	0.6	89	116	1.5	24.7	58.5	55.8	34.9	55.5	53.2	4 500	6 000
7017C	7017AC	85	130	22	1.5	0.6	94	121	1.5	25.4	62.5	60.2	36.1	59.2	57.2	4 300	5 600
7018C	7018AC	90	140	24	1.5	0.6	99	131	1.5	27.4	71.5	69.8	38.8	67.5	66.5	4 000	5 300
7019C	7019AC	95	145	24	1.5	0.6	104	136	1.5	28.1	73.5	73.2	40	69.5	69.8	3 800	5 000
7020C	7020AC	100	150	24	1.5	0.6	109	141	1.5	28.7	79.2	78.5	41.2	75	74.8	3 800	5 000
7200C	7200AC	10	30	9	0.6	0.15	15	25	0.6	7.2	5.82	2.95	9.2	5.58	2.82	18 000	26 000
7201C	7201AC	12	32	10	0.6	0.15	17	27	0.6	8	7.35	3.52	10.2	7.10	3.35	17 000	24 000
7202C	7202AC	15	35	11	0.6	0.15	20	30	0.6	8.9	8.68	4.62	11.4	8.35	4.40	16 000	22 000
7203C	7203AC	17	40	12	0.6	0.3	22	35	0.6	9.9	10.8	5.95	12.8	10.5	5.65	15 000	20 000
7204C	7204AC	20	47	14	1	0.3	26	41	1	11.5	14.5	8.22	14.9	14.0	7.82	13 000	18 000
7205C	7205AC	25	52	15	1	0.3	31	46	1	12.7	16.5	10.5	16.4	15.8	9.88	11 000	16 000
7206C	7206AC	30	62	16	1	0.3	36	56	1	14.2	23.0	15.0	18.7	22.0	14.2	9 000	13 000
7207C	7207AC	35	72	17	1.1	0.6	42	65	1	15.7	30.5	20.0	21	29.0	19.2	8 000	11 000
7208C	7208AC	40	80	18	1.1	0.6	47	73	1	17	36.8	25.8	23	35.2	24.5	7 500	10 000
7209C	7209AC	45	85	19	1.1	0.6	52	78	1	18.2	38.5	28.5	24.7	36.8	27.2	6 700	9 000
7210C	7210AC	50	90	20	1.1	0.6	57	83	1	19.4	42.8	32.0	26.3	40.8	30.5	6 300	8 500
7211C	7211AC	55	100	21	1.5	0.6	64	91	1.5	20.9	52.8	40.5	28.6	50.5	38.5	5 600	7 500
7212C	7212AC	60	110	22	1.5	0.6	69	101	1.5	22.4	61.0	48.5	30.8	58.2	46.2	5 300	7 000
7213C	7213AC	65	120	23	1.5	0.6	74	111	1.5	24.2	69.8	55.2	33.5	66.5	52.5	4 800	6 300
7214C	7214AC	70	125	24	1.5	0.6	79	116	1.5	25.3	70.2	60.0	35.1	69.2	57.5	4 500	6 000
7215C	7215AC	75	130	25	1.5	0.6	84	121	1.5	26.4	79.2	65.8	36.6	75.2	63.0	4 300	5 600
7216C	7216AC	80	140	26	2	1	90	130	2	27.7	89.5	78.2	38.9	85.0	74.5	4 000	5 300
7217C	7217AC	85	150	28	2	1	95	140	2	29.9	99.8	85.0	41.6	94.8	81.5	3 800	5 000
7218C	7218AC	90	160	30	2	1	100	150	2	31.7	122	105	44.2	118	100	3 600	4 800
7219C	7219AC	95	170	32	2.1	1.1	107	158	2.1	33.8	135	115	46.9	128	108	3 400	4 500
7220C	7220AC	100	180	34	2.1	1.1	112	168	2.1	35.8	148	128	49.7	142	122	3 200	4 300
7301C	7301AC	12	37	12	1	0.3	18	31	1	8.6	8.10	5.22	12	8.08	4.88	16 000	22 000
7302C	7302AC	15	42	13	1	0.3	21	36	1	9.6	9.38	5.95	13.5	9.08	5.58	15 000	20 000
7303C	7303AC	17	47	14	1	0.3	23	41	1	10.4	12.8	8.62	14.8	11.5	7.08	14 000	19 000
7304C	7304AC	20	52	15	1.1	0.6	27	45	1	11.3	14.2	9.68	16.3	13.8	9.10	12 000	17 000
7305C	7305AC	25	62	17	1.1	0.6	32	55	1	13.1	21.5	15.8	19.1	20.8	14.8	9 500	14 000
7306C	7306AC	30	72	19	1.1	0.6	37	65	1	15	26.5	19.8	22.2	25.2	18.5	8 500	12 000
7307C	7307AC	35	80	21	1.5	0.6	44	71	1.5	16.6	34.2	26.8	24.5	32.8	24.8	7 500	10 000
7308C	7308AC	40	90	23	1.5	0.6	49	81	1.5	18.5	40.2	32.3	27.5	38.5	30.5	6 700	9 000
7309C	7309AC	45	100	25	1.5	0.6	54	91	1.5	20.2	49.2	39.8	30.2	47.5	37.2	6 000	8 000
7310C	7310AC	50	110	27	2	1	60	100	2	22	53.5	47.2	33	55.5	44.5	5 600	7 500

续表

轴承代号		基本尺寸/mm					安装尺寸/mm			70000C (α=15°)			70000AC (α=25°)			极限转速 /(r/min)	
		d	D	B	r_s	r_{1s}	d_a	D_a	r_{as}	a /mm	基本额定 动载 荷 C_r /kN	静载 荷 C_{0r} /kN	a /mm	基本额定 动载 荷 C_r /kN	静载 荷 C_{0r} /kN	脂润滑	油润滑
					min		min	max									
7311C	7311AC	55	120	29	2	1	65	110	2	23.8	70.5	60.5	35.8	67.2	56.8	5 000	6 700
7312C	7312AC	60	130	31	2.1	1.1	72	118	2.1	25.6	80.5	70.2	38.7	77.8	65.8	4 800	6 300
7313C	7313AC	65	140	33	2.1	1.1	77	128	2.1	27.4	91.5	80.5	41.5	89.8	75.5	4 300	5 600
7314C	7314AC	70	150	35	2.1	1.1	82	138	2.1	29.2	102	91.5	44.3	98.5	86.0	4 000	5 300
7315C	7315AC	75	160	37	2.1	1.1	87	148	2.1	31	112	105	47.2	108	97.0	3 800	5 000
7316C	7316AC	80	170	39	2.1	1.1	92	158	2.1	32.8	122	118	50	118	108	3 600	4 800
7317C	7317AC	85	180	41	3	1.1	99	166	2.5	34.6	132	128	52.8	125	122	3 400	4 500
7318C	7318AC	90	190	43	3	1.1	104	176	2.5	36.4	142	142	55.6	135	135	3 200	4 300
7319C	7319AC	95	200	45	3	1.1	109	186	2.5	38.2	152	158	58.5	145	148	3 000	4 000
7320C	7320AC	100	215	47	3	1.1	114	201	2.5	40.2	162	175	61.9	165	178	2 600	3 600
	7406AC	30	90	23	1.5	0.6	39	81	1				26.1	42.5	32.2	7 500	10 000
	7407AC	35	100	25	1.5	0.6	44	91	1.5				29	53.8	42.5	6 300	8 500
—	7408AC	40	110	27	2	1	50	100	2	—	—	—	31.8	62.0	49.5	6 000	8 000
	7409AC	45	120	29	2	1	55	110	2				34.6	66.8	52.8	5 300	7 000
	7410AC	50	130	31	2.1	1.1	62	118	2.1				37.4	76.5	64.2	5 000	6 700
	7412AC	60	150	35	2.1	1.1	72	138	2.1				43.1	102	90.8	4 300	5 600
	7414AC	70	180	42	3	1.1	84	166	2.5				51.5	125	125	3 600	4 800
—	7416AC	80	200	48	3	1.1	94	186	2.5	—	—	—	58.1	152	162	3 200	4 300
	7418AC	90	215	54	4	1.5	108	197	3				64.8	178	205	2 800	3 600

注：① 表中 C_r 值对 (1)0、(0)2 系列为真空脱气轴承钢的载荷能力,对 (0)3、(0)4 系列为电炉轴承钢的载荷能力;
　② 表中的 r_{smin}、r_{1smin} 分别为 r、r_1 的单向最小倒角尺寸,r_{asmax} 为 r_a 的单向最大倒角尺寸。

表 F-3　圆锥滚子轴承（摘自 GB/T 297—1994）

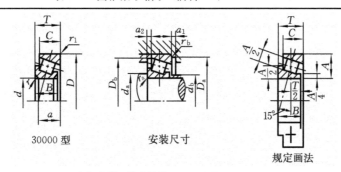

30000 型　　　　安装尺寸　　　　规定画法

标记示例　滚动轴承 30206 GB/T 297—1994

径向当量动载荷	径向当量静载荷
当 $F_a/F_r \leqslant e$，$P_r = F_r$ 当 $F_a/F_r > e$，$P_r = 0.4F_r + YF_a$	$P_{0r} = F_r$ $P_{0r} = 0.5F_r + Y_0 F_a$ 取上列两式计算结果的较大值

轴承代号	基本尺寸/mm								安装尺寸/mm									计算系数			基本额定		极限转速/(r/min)	
	d	D	T	B	C	r_s min	r_{1s} min	a ≈	d_a min	d_b max	D_a min	D_a max	D_b min	a_1 min	a_2 min	r_{as} max	r_{bs} max	e	Y	Y_0	动载荷 C_r/kN	静载荷 C_{0r}/kN	脂润滑	油润滑
30203	17	40	13.25	12	11	1	1	9.9	23	23	34	34	37	2	2.5	1	1	0.35	1.7	1	20.8	21.8	9000	12000
30204	20	47	15.25	14	12	1	1	11.2	26	27	40	41	43	2	3.5	1	1	0.35	1.7	1	28.2	30.5	8000	10000
30205	25	52	16.25	15	13	1	1	12.5	31	31	44	46	48	2	3.5	1	1	0.37	1.6	0.9	32.2	37.0	7000	9000
30206	30	62	17.25	16	14	1	1	13.8	36	37	53	56	58	2	3.5	1	1	0.37	1.6	0.9	43.2	50.5	6000	7500
30207	35	72	18.25	17	15	1.5	1.5	15.3	42	44	62	65	67	3	3.5	1.5	1.5	0.37	1.6	0.9	54.2	63.5	5300	6700
30208	40	80	19.75	18	16	1.5	1.5	16.9	47	49	69	73	75	3	4	1.5	1.5	0.37	1.6	0.9	63.0	74.0	5000	6300
30209	45	85	20.75	19	16	1.5	1.5	18.6	52	53	74	78	80	3	5	1.5	1.5	0.4	1.5	0.8	67.8	83.5	4500	5600
30210	50	90	21.75	20	17	1.5	1.5	20	57	58	79	83	86	3	5	1.5	1.5	0.42	1.4	0.8	73.2	92.0	4300	5300
30211	55	100	22.75	21	18	2	1.5	21	64	64	88	91	95	4	5	2	1.5	0.4	1.5	0.8	90.8	115	3800	4800
30212	60	110	23.75	22	19	2	1.5	22.3	69	69	96	101	103	4	5	2	1.5	0.4	1.5	0.8	102	130	3600	4500
30213	65	120	24.75	23	20	2	1.5	23.8	74	77	106	111	114	4	5	2	1.5	0.4	1.5	0.8	120	152	3200	4000
30214	70	125	26.25	24	21	2	1.5	25.8	79	81	110	116	119	4	5.5	2	1.5	0.42	1.4	0.8	132	175	3000	3800
30215	75	130	27.25	25	22	2	1.5	27.4	84	85	115	121	125	4	5.5	2	1.5	0.44	1.4	0.8	138	185	2800	3600
30216	80	140	28.25	26	22	2.5	2	28.1	90	90	124	130	133	4	6	2.1	2	0.42	1.4	0.8	160	212	2600	3400
30217	85	150	30.5	28	24	2.5	2	30.3	95	96	132	140	142	5	6.5	2.1	2	0.42	1.4	0.8	178	238	2400	3200
30218	90	160	32.5	30	26	2.5	2	32.3	100	102	140	150	151	5	6.5	2.1	2	0.42	1.4	0.8	200	270	2200	3000
30219	95	170	34.5	32	27	3	2.5	34.2	107	108	149	158	160	5	7.5	2.5	2.1	0.42	1.4	0.8	228	308	2000	2800
30220	100	180	37	34	29	3	2.5	36.4	112	114	157	168	169	5	8	2.5	2.1	0.42	1.4	0.8	255	350	1900	2600
30302	15	42	14.25	13	11	1	1	9.6	21	22	36	36	38	2	3.5	1	1	0.29	2.1	1.2	22.8	21.5	9000	12000
30303	17	47	15.25	14	12	1	1	10.4	23	25	40	41	43	3	3.5	1	1	0.29	2.1	1.2	28.2	27.2	8500	11000
30304	20	52	16.25	15	13	1.5	1.5	11.1	27	28	44	45	48	3	3.5	1.5	1.5	0.3	2	1.1	33.0	33.2	7500	9500
30305	25	62	18.25	17	15	1.5	1.5	13	32	34	54	55	58	3	3.5	1.5	1.5	0.3	2	1.1	46.8	48.0	6300	8000
30306	30	72	20.75	19	16	1.5	1.5	15.3	37	40	62	65	66	3	5	1.5	1.5	0.31	1.9	1.1	59.0	63.0	5600	7000
30307	35	80	22.75	21	18	2	1.5	16.8	44	45	70	71	74	3	5	2	1.5	0.31	1.9	1.1	75.2	82.5	5000	6300
30308	40	90	25.25	23	20	2	1.5	19.5	49	52	77	81	84	3	5.5	2	1.5	0.35	1.7	1	90.8	108	4500	5600
30309	45	100	27.25	25	22	2	1.5	21.3	54	59	86	91	94	3	5.5	2	1.5	0.35	1.7	1	108	130	4000	5000
30310	50	110	29.25	27	23	2.5	2	23	60	65	95	100	103	4	6.5	2	2	0.35	1.7	1	130	158	3800	4800

轴承代号	基本尺寸/mm					r_s min	r_{1s} min	a ≈	安装尺寸/mm							r_{as} max	r_{bs} max	计算系数			基本额定		极限转速 /(r/min)	
	d	D	T	B	C				d_a min	d_b max	D_a min	D_a max	D_b min	a_1 min	a_2 min			e	Y	Y_0	动载荷 C_r/kN	静载荷 C_{0r}/kN	脂润滑	油润滑
30311	55	120	31.5	29	25	2.5	2	24.9	65	70	104	110	112	4	6.5	2.5	2	0.35	1.7	1	152	188	3400	4300
30312	60	130	33.5	31	26	3	2.5	26.6	72	76	112	118	121	5	7.5	2.5	2.1	0.35	1.7	1	170	210	3200	4000
30313	65	140	36	33	28	3	2.5	28.7	77	83	122	128	131	5	8	2.5	2.1	0.35	1.7	1	195	242	2800	3600
30314	70	150	38	35	30	3	2.5	30.7	82	89	130	138	141	5	8	2.5	2.1	0.35	1.7	1	218	272	2600	3400
30315	75	160	40	37	31	3	2.5	32	87	95	139	148	150	5	9	2.5	2.1	0.35	1.7	1	252	318	2400	3200
30316	80	170	42.5	39	33	3	2.5	34.4	92	102	148	158	160	5	9.5	2.5	2.1	0.35	1.7	1	278	352	2200	3000
30317	85	180	44.5	41	34	4	3	35.9	99	107	156	166	168	6	10.5	3	2.5	0.35	1.7	1	305	388	2000	2800
30318	90	190	46.5	43	36	4	3	37.5	104	113	165	176	178	6	10.5	3	2.5	0.35	1.7	1	342	440	1900	2600
30319	95	200	49.5	45	38	4	3	40.1	109	118	172	186	185	6	11.5	3	2.5	0.35	1.7	1	370	478	1800	2400
30320	100	215	51.5	47	39	4	3	42.2	114	127	184	201	199	6	12.5	3	2.5	0.35	1.7	1	405	525	1600	2000
32206	30	62	21.25	20	17	1	1	15.6	36	36	52	56	58	3	4.5	1	1	0.37	1.6	0.9	51.8	63.8	6000	7500
32207	35	72	24.25	23	19	1.5	1.5	17.9	42	42	61	65	68	3	5.5	1.5	1.5	0.37	1.6	0.9	70.5	89.5	5300	6700
32208	40	80	24.75	23	19	1.5	1.5	18.9	47	48	68	73	75	3	6	1.5	1.5	0.37	1.6	0.9	77.8	97.2	5000	6300
32209	45	85	24.75	23	19	1.5	1.5	20.1	52	53	73	78	81	3	6	1.5	1.5	0.4	1.5	0.8	80.8	105	4500	5600
32210	50	90	24.75	23	19	1.5	1.5	21	57	57	78	83	86	3	6	1.5	1.5	0.42	1.4	0.8	82.8	108	4300	5300
32211	55	100	26.75	25	21	2	1.5	22.8	64	62	87	91	96	4	6	2	1.5	0.4	1.5	0.8	108	142	3800	4800
32212	60	110	29.75	28	24	2	1.5	25	69	68	95	101	105	4	6	2	1.5	0.4	1.5	0.8	132	180	3600	4500
32213	65	120	32.75	31	27	2	1.5	27.3	74	75	104	111	115	4	6	2	1.5	0.4	1.5	0.8	160	222	3200	4000
32214	70	125	33.25	31	27	2	1.5	28.8	79	79	108	116	120	4	6.5	2	1.5	0.42	1.4	0.8	168	238	3000	3800
32215	75	130	33.25	31	27	2	1.5	30	84	84	115	121	126	4	6.5	2	1.5	0.44	1.4	0.8	170	242	2800	3600
32216	80	140	35.25	33	28	2.5	2	31.4	90	89	122	130	135	5	7.5	2.1	2	0.42	1.4	0.8	198	278	2600	3400
32217	85	150	38.5	36	30	2.5	2	33.9	95	95	130	140	143	5	8.5	2.1	2	0.42	1.4	0.8	228	325	2400	3200
32218	90	160	42.5	40	34	2.5	2	36.8	100	101	138	150	153	5	8.5	2.1	2	0.42	1.4	0.8	270	395	2200	3000
32219	95	170	45.5	43	37	3	2.5	39.2	107	106	145	158	163	5	8.5	2.5	2.1	0.42	1.4	0.8	302	448	2000	2800
32220	100	180	49	46	39	3	2.5	41.9	112	113	154	168	172	5	10	2.5	2.1	0.42	1.4	0.8	340	512	1900	2600
32303	17	47	20.25	19	16	1	1	12.3	23	24	39	41	43	3	4.5	1	1	0.29	2.1	1.2	35.2	36.2	8500	11000
32304	20	52	22.25	21	18	1.5	1.5	13.6	27	26	43	45	48	3	4.5	1.5	1.5	0.3	2	1.1	42.8	46.2	7500	9500
32305	25	62	25.25	24	20	1.5	1.5	15.9	32	32	52	55	58	3	5.5	1.5	1.5	0.3	2	1.1	61.5	68.8	6300	8000
32306	30	72	28.75	27	23	1.5	1.5	18.9	37	38	59	65	66	4	6	1.5	1.5	0.31	1.9	1.1	81.5	96.5	5600	7000
32307	35	80	32.75	31	25	2	1.5	20.4	44	43	66	71	74	4	8.5	2	1.5	0.31	1.9	1.1	99.0	118	5000	6300
32308	40	90	35.25	33	27	2	1.5	23.3	49	49	73	81	83	4	8.5	2	1.5	0.35	1.7	1	115	148	4500	5600
32309	45	100	38.25	36	30	2	1.5	25.6	54	56	82	91	93	4	8.5	2	1.5	0.35	1.7	1	145	188	4000	5000
32310	50	110	42.25	40	33	2.5	2	28.2	60	61	90	100	102	5	9.5	2	2	0.35	1.7	1	178	235	3800	4800
32311	55	120	45.5	43	35	2.5	2	30.4	65	66	99	110	111	5	10	2.5	2	0.35	1.7	1	202	270	3400	4300
32312	60	130	48.5	46	37	3	2.5	32	72	72	107	118	122	6	11.5	2.5	2.1	0.35	1.7	1	228	302	3200	4000
32313	65	140	51	48	39	3	2.5	34.3	77	79	117	128	131	6	12	2.5	2.1	0.35	1.7	1	260	350	2800	3600
32314	70	150	54	51	42	2.5	2	36.5	82	84	125	138	141	6	12	2.5	2.1	0.35	1.7	1	298	408	2600	3400
32315	75	160	58	55	45	3	2.5	39.4	87	91	133	148	150	7	13	2.5	2.1	0.35	1.7	1	348	482	2400	3200
32316	80	170	61.5	58	48	3	2.5	42.1	92	97	142	158	160	7	13.5	2.5	2.1	0.35	1.7	1	388	542	2200	3000
32317	85	180	63.5	60	49	4	3	43.5	99	102	150	166	168	8	14.5	3	2.5	0.35	1.7	1	422	592	2000	2800
32318	90	190	67.5	64	53	4	3	46.2	104	107	157	176	178	8	14.5	3	2.5	0.35	1.7	1	478	682	1900	2600
32319	95	200	71.5	67	55	4	3	49	109	114	166	186	187	8	16.5	3	2.5	0.35	1.7	1	515	738	1800	2400
32320	100	215	77.5	73	60	4	3	52.9	114	122	177	201	201	8	17.5	3	2.5	0.35	1.7	1	600	872	1600	2000

注：① 表中 C_r 值适用于轴承为真空脱气轴承钢材料,若为普通电炉钢,C_r 值降低;若为真空重熔或电渣重熔轴承钢,C_r 值提高;

② 表中的 r_{smin}、r_{1smin} 分别为 r、r_1 的单向最小倒角尺寸,r_{asmax}、r_{bsmax} 分别为 r_a、r_b 的单向最大倒角尺寸。

表 F-4 圆柱滚子轴承（摘自 GB/T 283—1994）

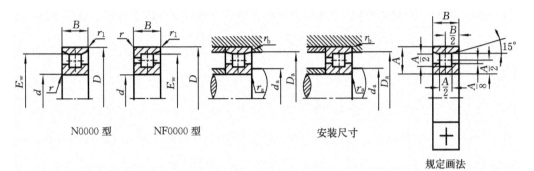

N0000 型　　　　NF0000 型　　　　安装尺寸

规定画法

标记示例 滚动轴承 N206E GB/T 283—1994

	径向当量动载荷	径向当量静载荷
$P_r = F_r$	对轴向承载的轴承（NF 型 2、3 系列） 当 $0 \leqslant F_a/F_r \leqslant 0.12$，$P_r = F_r + 0.3F_a$ 当 $0.12 \leqslant F_a/F_r \leqslant 0.3$，$P_r = 0.94F_r + 0.8F_a$	$P_{0r} = F_r$

轴承代号		尺寸/mm							安装尺寸/mm				基本额定动载荷 C_r/kN		基本额定静载荷 C_{0r}/kN		极限转速 /(r/min)	
		d	D	B	r_s	r_{1s}	E_w		d_a	D_a	r_{as}	r_{bs}	N 型	NF 型	N 型	NF 型	脂润滑	油润滑
					min		N 型	NF 型	min		max							
N204E	NF204	20	47	14	1	0.6	41.5	40	25	42	1	0.6	25.8	12.5	24.0	11.0	12 000	16 000
N205E	NF205	25	52	15	1	0.6	46.5	45	30	47	1	0.6	27.5	14.2	26.8	12.8	10 000	14 000
N206E	NF206	30	62	16	1	0.6	55.5	53.5	36	56	1	0.6	36.0	19.5	35.5	18.2	8 500	11 000
N207E	NF207	35	72	17	1.1	0.6	64	61.8	42	64	1	0.6	46.5	28.5	48.0	28.0	7 500	9 500
N208E	NF208	40	80	18	1.1	1.1	71.5	70	47	72	1	1	51.5	37.5	53.0	38.2	7 000	9 000
N209E	NF209	45	85	19	1.1	1.1	76.5	75	52	77	1	1	58.5	39.8	63.8	41.0	6 300	8 000
N210E	NF210	50	90	20	1.1	1.1	81.5	80.4	57	83	1	1	61.2	43.2	69.2	48.5	6 000	7 500
N211E	NF211	55	100	21	1.5	1.1	90	88.5	64	91	1.5	1	80.2	52.8	95.5	60.2	5 300	6 700
N212E	NF212	60	110	22	1.5	1.5	100	97	69	100	1.5	1.5	89.8	62.8	102	73.5	5 000	6 300
N213E	NF213	65	120	23	1.5	1.5	108.5	105.5	74	108	1.5	1.5	102	73.2	118	87.5	4 500	5 600
N214E	NF214	70	125	24	1.5	1.5	113.5	110.5	79	114	1.5	1.5	112	73.2	135	87.5	4 300	5 300
N215E	NF215	75	130	25	1.5	1.5	118.5	118.3	84	120	1.5	1.5	125	89.0	155	110	4 000	5 000
N216E	NF216	80	140	26	2	2	127.3	125	90	128	2	2	132	102	165	125	3 800	4 800
N217E	NF217	85	150	28	2	2	136.5	135.5	95	137	2	2	158	115	192	145	3 600	4 500
N218E	NF218	90	160	30	2	2	145	143	100	146	2	2	172	142	215	178	3 400	4 300
N219E	NF219	95	170	32	2.1	2.1	154.5	151.5	107	155	2.1	2.1	208	152	262	190	3 200	4 000
N220E	NF220	100	180	34	2.1	2.1	163	160	112	164	2.1	2.1	235	168	302	212	3 000	3 800
N304E	NF304	20	52	15	1.1	0.6	45.5	44.5	26.5	47	1	0.6	29.0	18.0	25.5	15.0	11 000	15 000
N305E	NF305	25	62	17	1.1	1.1	54	53	31.5	55	1	1	38.5	25.5	35.8	22.5	9 000	12 000
N306E	NF306	30	72	19	1.1	1.1	62.5	62	37	64	1	1	49.2	33.5	48.2	31.5	8 000	10 000
N307E	NF307	35	80	21	1.5	1.1	70.2	68.2	44	71	1.5	1	62.0	41.0	63.2	39.2	7 000	9 000
N308E	NF308	40	90	23	1.5	1.5	80	77.5	49	80	1.5	1.5	76.8	48.8	77.8	47.5	6 300	8 000
N309E	NF309	45	100	25	1.5	1.5	88.5	86.5	54	89	1.5	1.5	93.0	66.8	98.0	66.8	5 600	7 000
N310E	NF310	50	110	27	2	2	97	95	60	98	2	2	105	76.0	112	79.5	5 300	6 700
N311E	NF311	55	120	29	2	2	106.5	104.5	65	107	2	2	128	97.8	138	105	4 800	6 000
N312E	NF312	60	130	31	2.1	2.1	115	113	72	116	2.1	2.1	142	118	155	128	4 500	5 600
N313E	NF313	65	140	33	2.1	2.1	124.5	121.5	77	125	2.1	2.1	170	125	188	135	4 000	5 000
N314E	NF314	70	150	35	2.1	2.1	133	130	82	134	2.1	2.1	195	145	220	162	3 800	4 800
N315E	NF315	75	160	37	2.1	2.1	143	139.5	87	143	2.1	2.1	228	165	260	188	3 600	4 500

续表

轴承代号		尺寸/mm						安装尺寸/mm				基本额定动载荷 C_r/kN		基本额定静载荷 C_{0r}/kN		极限转速 /(r/min)	
		d	D	B	r_s	r_{1s}	E_w		d_a	D_a	r_{as}	r_{bs}	N 型	NF 型	N 型	NF 型	脂润滑	油润滑
					min		N 型	NF 型	min		max							
N316E	NF316	80	170	39	2.1	2.1	151	147	92	151	2.1	2.1	245	175	282	200	3 400	4 300
N317E	NF317	85	180	41	3	3	160	156	99	160	2.5	2.5	280	212	332	242	3 200	4 000
N318E	NF318	90	190	43	3	3	169.5	165	104	169	2.5	2.5	298	228	348	265	3 000	3 800
N319E	NF319	95	200	45	3	3	177.5	173.5	109	178	2.5	2.5	315	245	380	288	2 800	3 600
N320E	NF320	100	215	47	3	3	191.5	185.5	114	190	2.5	2.5	365	282	425	240	2 600	3 200
N406		30	90	23	1.5	1.5	73		39	—	1.5	1.5	57.2		53.0		7 000	9 000
N407		35	100	25	1.5	1.5	83		44	—	1.5	1.5	70.8		68.2		6 000	7 500
N408		40	110	27	2	2	92		50	—	2	2	90.5		89.8		5 600	7 000
N409		45	120	29	2	2	100.5		55	—	2	2	102		100		5 000	6 300
N410		50	130	31	2.1	2.1	110.8		62	—	2.1	2.1	120		120		4 800	6 000
N411		55	140	33	2.1	2.1	117.2		67	—	2.1	2.1	128		132		4 300	5 300
N412		60	150	35	2.1	2.1	127		72	—	2.1	2.1	155		162		4 000	5 000
N413		65	160	37	2.1	2.1	135.3		77	—	2.1	2.1	170		178		3 800	4 800
N414		70	180	42	3	3	152		84	—	2.5	2.5	215		232		3 400	4 300
N415		75	190	45	3	3	160.5		89	—	2.5	2.5	250		272		3 200	4 000
N416		80	200	48	3	3	170		94	—	2.5	2.5	285		315		3 000	3 800
N417		85	210	52	4	4	179.5		103	—	3	3	312		345		2 800	3 600
N418		90	225	54	4	4	191.5		108	—	3	3	352		392		2 400	3 200
N419		95	240	55	4	4	201.5		113	—	3	3	378		428		2 200	3 000
N420		100	250	58	4	4	211		118	—	3	3	418		480		2 000	2 800
N2204E		20	47	18	1	0.6	41.5		25	42	1	0.6	30.8		30.0		12 000	16 000
N2205E		25	52	18	1	0.6	46.5		30	47	1	0.6	32.8		33.8		11 000	14 000
N2206E		30	62	20	1	0.6	55.5		36	56	1	0.6	45.5		48.0		8 500	11 000
N2207E		35	72	23	1.1	0.6	64		42	64	1	0.6	57.5		63.0		7 500	9 500
N2208E		40	80	23	1.1	1.1	71.5		47	72	1	1	67.5		75.2		7 000	9 000
N2209E		45	85	23	1.1	1.1	76.5		52	77	1	1	71.0		82.0		6 300	8 000
N2210E		50	90	23	1.1	1.1	81.5		57	83	1	1	74.2		88.8		6 000	7 500
N2211E		55	100	25	1.5	1.1	90		64	91	1.5	1	94.8		118		5 300	6 700
N2212E		60	110	28	1.5	1.5	100		69	100	1.5	1.5	122		152		5 000	6 300
N2213E		65	120	31	1.5	1.5	108.5		74	108	1.5	1.5	142		180		4 500	5 600
N2214E		70	125	31	1.5	1.5	113.5		79	114	1.5	1.5	148		192		4 300	5 300
N2215E		75	130	31	1.5	1.5	118.5		84	120	1.5	1.5	155		205		4 000	5 000
N2216E		80	140	33	2	2	127.3		90	128	2	2	178		242		3 800	4 800
N2217E		85	150	36	2	2	136.5		95	137	2	2	205		272		3 600	4 500
N2218E		90	160	40	2	2	145		100	146	2	2	230		312		3 400	4 300
N2219E		95	170	43	2.1	2.1	154.5		107	155	2.1	2.1	275		368		3 200	4 000
N2220E		100	180	46	2.1	2.1	163		112	164	2.1	2.1	318		440		3 000	3 800

注：① 表中 C_r 值适用于轴承为真空脱气轴承钢材料，若为普通电炉钢，C_r 值降低；若为真空重熔或电渣重熔轴承钢，C_r 值提高；

② 表中的 r_{smin}、r_{1smin} 分别为 r、r_1 的单向最小倒角尺寸，r_{asmax}、r_{bsmax} 分别为 r_a、r_b 的单向最大倒角尺寸；

③ 后缀带 E 为加强型圆柱滚子轴承，应优先选用。

表 F-5 安装向心轴承和角接触轴承的轴公差带（摘自 GB/T 275—1993）

运 转 状 态		载荷状态	深沟球轴承、调心球轴承和角接触球轴承	圆柱滚子轴承和圆锥滚子轴承	调心滚子轴承	公差带
说明	举例		轴承公称内径 d/mm			
内圈相对于载荷方向旋转或摆动	一般通用机械、电动机、泵、机床主轴、内燃机、铁路车辆和电车的轴箱、破碎机等	轻载荷	$d \leqslant 18$ $18 < d \leqslant 100$ $100 < d \leqslant 200$	— $d \leqslant 40$ $40 < d \leqslant 140$	— $d \leqslant 40$ $40 < d \leqslant 100$	h5 j6① k6①
		正常载荷	$d \leqslant 18$ $18 < d \leqslant 100$ $100 < d \leqslant 140$ $140 < d \leqslant 200$	— $d \leqslant 40$ $40 < d \leqslant 100$ $100 < d \leqslant 140$	— $d \leqslant 40$ $40 < d \leqslant 65$ $65 < d \leqslant 100$	j5,js5 k5② m5② m6
		重载荷	— —	$50 < d \leqslant 140$ $140 < d \leqslant 200$	$50 < d \leqslant 100$ $100 < d \leqslant 140$	n6 p6③
内圈相对于载荷方向静止	静止轴上的各种轮子、张紧轮、绳索轮	所有载荷	所有尺寸			f6 g6① h6 j6
仅有轴向载荷	所有应用场合		所有尺寸			j6,js6

注：① 凡对精度有较高要求的场合，应用 j5、k5…代替 j6、k6…；

② 圆锥滚子轴承、角接触球轴承配合对游隙影响不大，可用 k6、m6 代替 k5、m5；

③ 重载荷下轴承游隙应选大于 0 组。

表 F-6 安装向心轴承和角接触轴承的外壳孔公差带（摘自 GB/T 275—1993）

外圈工作条件				应用举例	公差带①	
运转状态	载荷	轴向位移的限度	其他情况		球轴承	滚子轴承
外圈相对于载荷方向静止	轻、正常和重载荷	轴向容易移动	轴处于高温场合	有调心滚子轴承的大电动机	G7②	
			剖分式外壳	一般机械、铁路车辆轴箱	H7	
	冲击载荷	轴向能移动	整体式或剖分式外壳	铁路车辆轴箱轴承	J7,Js7	
外圈相对于载荷方向摆动	轻和正常载荷			电动机、泵、曲轴主轴承		
	正常和重载荷		整体式外壳	电动机、泵、曲轴主轴承	K7	
	冲击载荷			牵引电动机	M7	
外圈相对于载荷方向旋转	轻载荷	轴向不移动		张紧滑轮	J7	K7
	正常载荷			装有球轴承的轮毂	K7 M7	M7 N7
	重载荷		整体式外壳	装有滚子轴承的轮毂	—	N7 P7

注：① 并列公差带随尺寸的增大从左至右选择，对旋转精度有较高要求时，可相应提高一个公差等级；

② 不适用于剖分式外壳。

表 F-7 轴和外壳孔的形位公差

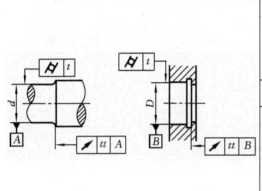

基本尺寸 /mm		圆柱度 t				端面圆跳动 tt			
		轴颈		外壳孔		轴肩		外壳孔肩	
		轴承公差等级							
		/P0	/P6 (/P6x)	/P0	/P6 (/P6x)	/P0	/P6 (/P6x)	/P0	/P6 (/P6x)
>	≤	公差值/μm							
10	18	3.0	2.0	5	3.0	8	5	12	8
18	30	4.0	2.5	6	4.0	10	6	15	10
30	50	4.0	2.5	7	4.0	12	8	20	12
50	80	5.0	3.0	8	5.0	15	10	25	15
80	120	6.0	4.0	10	6.0	15	10	25	15
120	180	8.0	5.0	12	8.0	20	12	30	20
180	250	10.0	7.0	14	10.0	20	12	30	20

表 F-8 配合面的表面粗糙度

轴或轴承座直径 /mm		轴或外壳配合表面直径公差等级								
		IT7			IT6			IT5		
		表面粗糙度/μm								
>	≤	Rz	Ra		Rz	Ra		Rz	Ra	
			磨	车		磨	车		磨	车
80	80	10	1.6	3.2	6.3	0.8	1.6	4	0.4	0.8
	500	16	1.6	3.2	10	1.6	3.2	6.3	0.8	1.6
端面		25	3.2	6.3	25	3.2	6.3	10	1.6	3.2

附录 G 润滑与密封

表 G-1 齿轮传动中润滑油黏度荐用值   mm²/s

齿轮材料	齿面硬度	圆周速度/(m/s)						
		<0.5	0.5～1	1～2.5	2.5～5	5～12.5	12.5～25	>25
调质钢	<280HBS	266(32)	177(21)	118(11)	82	59	44	32
	280～350HBS	266(32)	266(32)	177(21)	118(11)	82	59	44
渗碳或表面淬火钢	40～64HRC	444(52)	266(32)	266(32)	177(21)	118(11)	82	59
塑料、青铜、铸铁			177	118	82	59	44	32	—

注：① 多级齿轮传动，润滑油黏度按各级传动的圆周速度平均值来选取；

② 表内数值为温度 50℃时的黏度，而括号内的数值为温度 100℃时的黏度。

表 G-2 常用润滑油的主要性能和用途

名　　称	代　号	运动黏度/(mm²/s)		凝点/℃ ≤	闪点(开口)/℃ ≥	主要用途
		40℃	50℃			
全损耗系统用油 (GB 443—1989)	AN46	41.4～50.6	26.1～31.3	−5	160	用于一般要求的齿轮和轴承的全损耗系统润滑，不适用于循环润滑系统(新标准的黏度按 40℃时的取值)
	AN68	61.2～74.8	37.1～44.4	−5	160	
	AN100	90.0～110	52.4～56.0	−5	180	
	AN150	135～165	75.9～91.2	−5	180	
中负荷工业齿轮油 (GB/T 5903 —1995)	L-CKC68	61.2～74.8	37.1～44.4	−8	180	用于化工、陶瓷、水泥、造纸、冶金工业部门的中负荷齿轮传动装置的润滑
	L-CKC100	90.0～110	52.4～63.0	−8	180	
	L-CKC150	135～165	75.9～91.2	−8	200	
	L-CKC220	198～242	108～129	−8	200	
	L-CKC320	288～352	151～182	−8	200	
	L-CKC460	414～506	210～252	−8	200	
	L-CKC680	612～748	300～360	−5	220	
重负荷工业齿轮油	CKD68	61.2～74.8	37.1～44.4	−8	180	用于高负荷齿轮(齿面力大于 1100 N/mm²)如采矿、冶金、轧钢机械中的齿轮的润滑
	CKD100	90～110	52.4～63.0	−8	180	
	CKD150	135～165	75.9～91.2	−8	200	
	CKD220	198～242	108～129	−8	200	
	CKD320	288～352	151～182	−8	200	
	CKD460	414～506	210～252	−8	200	
	CKD680	612～748	300～360	−8	220	

名　　称	代　　号	运动黏度/(mm²/s)		凝点 /℃ ≤	闪点(开口) /℃ ≥	主　要　用　途
		40℃	50℃			
蜗杆蜗轮油 SH 0094—1991	CKE220,CKE/P220	198～242	108～129	−6	200	用于蜗杆蜗轮传动的润滑
	CKE320,CKE/P320	288～352	151～182	−6	200	
	CKE460,CKE/P460	414～506	210～252	−6	220	
	CKE680,CKE/P680	612～748	300～360	−6	220	
	CKE1000,CKE/P1000	900～1100	425～509	−6	220	

表 G-3　常用润滑脂的主要性能和用途

名　　称	代　号	针入度 (25℃,150g) 1/10 mm	滴点 /℃ 不低于	主　要　用　途
钙基润滑脂 (GB/T 491—2008)	1 号	310～340	80	耐水性能好。适用于工作温度≤55～60℃的工业、农业和交通运输等机械设备的轴承润滑,特别适用于有水或潮湿的场合
	2 号	265～295	85	
	3 号	220～250	90	
	4 号	175～205	95	
钠基润滑脂 (GB 492—1989)	2 号	265～295	160	耐水性能差。适用于工作温度≤110℃的一般机械设备的轴承润滑
	3 号	220～250	160	
钙钠基润滑脂 (SH 0368—1992)	1 号	250～290	120	用在工作温度80～100℃、有水分或较潮湿环境中工作的机械润滑,多用于铁路机车、列车、小电动机、发电机的滚动轴承(温度较高者)润滑,不适用于低温环境
	2 号	200～240	135	
滚珠轴承脂 (SH 0386—1992)	ZG 69-2	250～290 −40℃时为 30	120	用于各种机械的滚动轴承润滑
通用锂基 润滑脂 (GB/T 7324—2010)	1 号	310～340	170	用于工作温度在−20～120℃范围内的各种机械的滚动轴承、滑动轴承的润滑
	2 号	265～295	175	
	3 号	220～250	180	
7407 号齿轮 润滑脂 (SH 0469—1992)		75～90	160	用于各种低速齿轮、中载或重载齿轮、链和联轴器等的润滑,使用温度≤120℃,承受冲击载荷≤25 000 MPa

表 G-4　毡圈油封及槽（摘自 JB/ZQ 4606—1986）　　　mm

轴径	毡圈			槽			B_{min}	
d	D	d_1	b_1	D_0	d_0	b	钢	铸铁
15	29	14	6	28	16	5	10	12
20	33	19	6	32	21	5	10	12
25	39	24	7	38	26	6	12	15
30	45	29	7	44	31	6	12	15
35	49	34	7	48	36	6	12	15
40	53	39	7	52	41	6	12	15
45	61	44	8	60	46	7	12	15
50	69	49	8	68	51	7	12	15
55	74	53	8	72	56	7	12	15
60	80	58	8	78	61	7	12	15
65	84	63	8	82	66	7	12	15
70	90	68	8	88	71	7	12	15
75	94	73	8	92	77	7	12	15
80	102	78	9	100	82	8	15	18
85	107	83	9	105	87	8	15	18
90	112	88	9	110	92	8	15	18
95	117	93	10	115	97	8	15	18
100	122	98	10	120	102	8	15	18

标记示例

$d=25$ mm 的毡圈油封的标记为：

毡圈 25 JB/ZQ4606—1986

材料：半粗羊毛毡

表 G-5　内包骨架旋转轴唇形密封圈（摘自 GB/T 13871—2007）　　mm

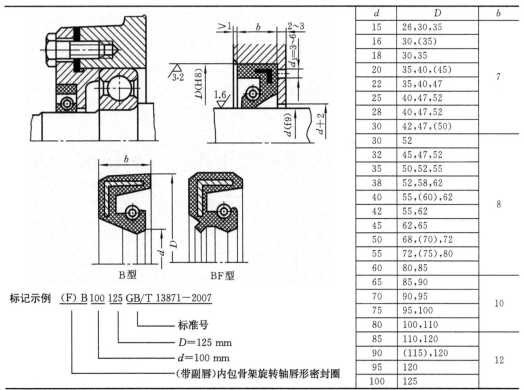

d	D	b
15	26,30,35	
16	30,(35)	
18	30,35	
20	35,40,(45)	7
22	35,40,47	
25	40,47,52	
28	40,47,52	
30	42,47,(50)	
30	52	
32	45,47,52	
35	50,52,55	
38	52,58,62	
40	55,(60),62	8
42	55,62	
45	62,65	
50	68,(70),72	
55	72,(75),80	
60	80,85	
65	85,90	
70	90,95	10
75	95,100	
80	100,110	
85	110,120	
90	(115),120	
95	120	12
100	125	

B 型　　BF 型

标记示例　(F) B 100 125 GB/T 13871—2007

- 标准号
- $D=125$ mm
- $d=100$ mm
- （带副唇）内包骨架旋转轴唇形密封圈

注：考虑到国内实际情况，除全部采用国际标准的基本尺寸外，还补充了若干种国内常用的规格，并加括号以示区别。

表 G-6　U 形无骨架橡胶油封（摘自 HG 4-339—1986）　　　　　　　　mm

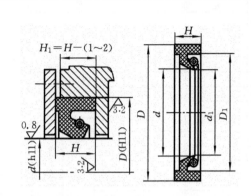

标记示例

$d=45$ mm、$D=70$ mm、$H=12$ mm 的 U 形无骨架橡胶油封的标记为：

U 形油封　40×70×12　HG4-338—1966

轴径 d	D	D_1	d_1	H
30	55	46	29	
35	60	51	34	
40	65	56	39	
45	70	61	44	
50	75	66	49	
55	80	71	54	
60	85	76	59	12
65	90	81	64	
70	95	86	69	
75	100	91	74	
80	105	96	79	
85	110	101	84	
90	115	106	89	
95	120	111	94	
100	130	120	99	16

表 G-7　通用 O 形橡胶密封圈（摘自 GB/T 3452.1—2005）　　　　　　　　mm

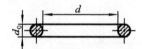

标记示例　　通用 O 形密封圈，内径 $d=50.0$ mm、截面直径 $d_0=2.65$ mm 的标记为：

O 形密封圈 50×2.65G　GB/T3452.1—2005

内　径		截面直径 d_0			内　径		截面直径 d_0				内　径		截面直径 d_0		
d	极限偏差	1.80 ±0.08	2.65 ±0.09	3.55 ±0.10	d	极限偏差	1.80 ±0.08	2.65 ±0.09	3.55 ±0.10	5.30 ±0.13	d	极限偏差	2.65 ±0.09	3.55 ±0.10	5.30 ±0.13
16.0	±0.17	*	*		36.5	±0.30	*	*	*		61.5	±0.44	*	*	*
17.0		*	*		37.5		*	*	*		63.0		*	*	*
18.0		*	*	*	38.7		*	*	*		65.0			*	*
19.0	±0.22	*	*	*	40.0			*	*	*	67.0		*	*	*
20.0		*	*	*	41.2	±0.36		*	*	*	69.0	±0.53	*	*	*
21.2		*	*	*	42.5		*	*	*	*	71.0		*	*	*
22.4		*	*	*	43.7			*	*	*	73.0		*	*	*
23.6		*	*	*	45.0		*	*	*	*	75.0		*	*	*
25.0		*	*	*	46.2			*	*	*	77.5		*	*	*
25.8		*	*	*	47.5		*	*	*	*	80.0		*	*	*
26.5		*	*	*	48.7			*	*	*	82.5		*	*	*
28.0		*	*	*	50.0		*	*	*	*	85.0	±0.65		*	*
30.0			*	*	51.5	±0.44		*	*	*	87.5			*	*
31.5	±0.30		*	*	53.0			*	*	*	90.0		*	*	*
32.5		*	*	*	54.5		—	*	*	*	92.5		*	*	*
33.5		*	*	*	56.0			*	*	*	95.0		*	*	*
34.5			*	*	58.0			*	*	*	97.5		*	*	*
35.5		*	*	*	60.0			*	*	*	100		*	*	*

注：① ＊表示本标准规定的规格；

② 标记中的 G 代表通用 O 形密封圈。

表 G-8 迷宫式密封槽（摘自 JB/ZQ 4245—2006）   mm

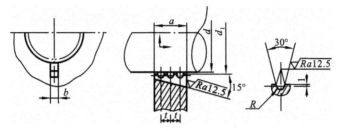

轴径 d	$25\sim80$	$>80\sim120$	$>120\sim180$	>180
R	1.5	2	2.5	3
t	4.5	6	7.5	9
b	4	5	6	7
d_1	$d_1=d+1$			
a_{min}	$a_{min}=nt+R$			

注：① 表中尺寸 R、t、b 在个别情况下，可不按轴径选用；

② 一般油沟数 $n=2\sim4$，使用 3 个的较多。

附录 H 螺纹及紧固件

表 H-1 普通螺纹（GB196—2003） mm

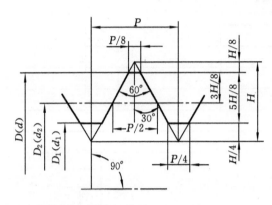

$H=0.866P$

$d_2=d-0.649\,5P$

$d_1=d-1.082\,5P$

D、d——内、外螺纹大径

D_2、d_2——内、外螺纹中径

D_1、d_1——内、外螺纹小径

P——螺距

标记示例

M24（粗牙普通螺纹，直径 24 mm，螺距 3 mm）

M24×1.5（细牙普通螺纹：直径 24 mm，螺距 1.5 mm）

公称直径 D、d		螺距 P		中径	小径
第一系列	第二系列	粗牙	细牙	D_2、d_2	D_1、d_1
3		0.5		2.675	2.459
			0.35	2.773	2.621
	3.5	0.6		3.110	2.850
			0.35	3.273	3.121
4		0.7		3.545	3.242
			0.5	3.675	3.549
	4.5	0.75		4.013	3.688
			0.5	4.175	3.959
5		0.8		4.480	4.134
			0.5	4.675	4.459
6		1		5.350	4.917
			0.75	5.513	5.188
	7	1		6.350	5.917
			0.75	6.513	6.188
8		1.25	1	7.188	6.647
			1	7.350	6.917
			0.75	7.513	7.188
10		1.5		9.026	8.376
			1.25	9.188	8.647
			1	9.350	8.917
			0.75	9.513	9.188
12		1.75		10.863	10.106
			1.5	11.026	10.376
			1.25	11.188	10.647
			1	11.350	10.917
	14	2		12.701	11.835
			1.5	13.026	12.376
			(1.25)	13.188	12.647
			1	13.350	12.917
16		2		14.701	13.835
			1.5	15.026	14.376
			1	15.350	14.917
	18	2.5		16.376	15.294
			2	16.701	15.835
			1.5	17.026	16.376
			1	17.350	16.917
20		2.5		18.376	17.294
			2	18.701	17.835
			1.5	19.026	18.376
			1	19.350	18.917
	22	2.5		20.376	19.294
			2	20.701	19.838
			1.5	21.026	20.376
			1	21.350	20.917
24		3		22.051	20.752
			2	22.701	21.835
			1.5	23.026	22.376
			1	23.350	22.917
27		3		25.051	23.752
			2	25.701	24.835
			1.5	26.026	25.376
			1	26.350	25.917

表 H-2　螺纹的收尾、肩距、退刀槽、倒角(摘自 GB/T 3—1997)　　　　mm

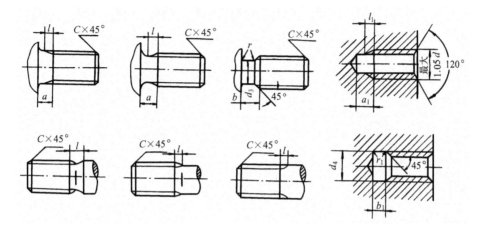

		外　螺　纹									倒角	内　螺　纹							
螺距 p	粗牙螺纹大径 d	螺纹收尾 l (不大于)		肩距 a (不大于)			退刀槽				C	螺纹收尾 l_1 (不大于)		肩距 a_1 (不小于)		退刀槽			
							b		$r\approx$	d_3						b_1		r_1	d_1
		一般	短的	一般	长的	短的	一般	窄的				一般	长的	一般	长的	一般	窄的		
0.5	3	1.25	0.7	1.5	2	1	1.5	0.8	0.2	$d-0.8$	0.5	1	1.5	3	4	2	1	0.2	
0.6	3.5	1.5	0.75	1.8	2.4	1.2	1.8	0.9	0.4	$d-1$		1.2	1.8	3.2	4.8	2.4	1.2	0.3	$d+0.3$
0.7	4	1.75	0.9	2.1	2.8	1.4	2.1	1.1	0.4	$d-1.1$	0.6	1.4	2.1	3.5	5.6	2.8	1.4	0.4	
0.75	4.5	1.9	1	2.25	3	1.5	2.25	1.2	0.4	$d-1.2$		1.5	2.3	3.8	6	3	1.5	0.4	
0.8	5	2	1	2.4	3.2	1.6	2.4	1.3	0.4	$d-1.3$	0.8	1.6	2.4	4	6.4	3.2	1.6	0.4	
1	6,7	2.5	1.25	3	4	2	3	1.6	0.6	$d-1.6$	1	2	3	5	8	4	2	0.5	
1.25	8	3.2	1.6	4	5	2.5	3.75	2	0.6	$d-2$	1.2	2.5	3.8	6	10	5	2.5	0.6	
1.5	10	3.8	1.9	4.5	6	3	4.5	2.5	0.8	$d-2.3$	1.5	3	4.5	7	12	6	3	0.8	
1.75	12	4.3	2.2	5.3	7	3.5	5.25	3	1	$d-2.6$	2	3.5	5.2	9	14	7	3.5	0.9	
2	14,16	5	2.5	6	8	4	6	3.4	1	$d-3$		4	6	10	16	8	4	1	
2.5	18,20,22	6.3	3.2	7.5	10	5	7.5	4.4	1.2	$d-3.6$	2.5	5	7.5	12	18	10	5	1.2	
3	24,27	7.5	3.8	9	12	6	9	5.2	1.6	$d-4.4$		6	9	14	22	12	6	1.5	$d+0.5$
3.5	30,33	9	4.5	10.5	14	7	10.5	6.2	1.6	$d-5$	3	7	10.5	16	24	14	7	1.8	
4	36,39	10	5	12	16	8	12	7	2	$d-5.7$		8	12	18	26	16	8	2	
4.5	42,45	11	5.5	13.5	18	9	13.5	8	2.5	$d-6.4$	4	9	13.5	21	29	18	9	2.2	
5	48,52	12.5	6.3	15	20	10	15	9	2.5	$d-7$		10	15	23	32	20	10	2.5	
5.5	56,60	14	7	16.5	22	11	17.5	11	3.2	$d-7.7$	5	11	16.5	25	35	22	11	2.8	
6	64,66	15	7.5	18	24	12	18	11	3.2	$d-8.3$		12	18	28	38	24	12	3	

注：左侧行标为"普通螺纹"。

表 H-3 粗牙螺栓、螺钉的拧入深度和螺纹孔尺寸（摘自 JB/GQ 0126—1980）   mm

公称直径 d	钻孔直径 d_0	钢和青铜				铸铁				铝			钻孔深度 H_2
		通孔拧入深度 h	盲孔拧入深度 H	攻丝深度 H_1	钻孔深度 H_2	通孔拧入深度 h	盲孔拧入深度 H	攻丝深度 H_1	钻孔深度 H_2	通孔拧入深度 h	盲孔拧入深度 H	攻丝深度 H_1	
3		4	3	4	7	6	5	6	9	8	6	7	10
4		5.5	4	5.5	9	8	6	7.5	11	10	8	10	14
5		7	5	7	11	10	8	10	14	12	10	12	16
6	5	8	6	8	13	12	10	12	17	15	12	15	20
8	6.7	10	8	10	16	15	12	14	20	20	16	18	24
10	8.5	12	10	13	20	18	15	18	25	24	20	23	30
12	10.2	15	12	15	24	22	18	21	30	28	24	27	36
16	14	20	16	20	30	28	24	28	33	36	32	36	46
20	17.4	25	20	24	36	35	30	35	47	45	40	45	57
24	20.9	30	24	30	44	42	35	42	55	55	48	54	68
30	26.4	36	30	36	52	50	45	52	68	70	60	67	84
36	32	45	36	44	62	65	55	64	82	80	72	80	98
42	37.3	50	42	50	72	75	65	74	95	95	85	94	115
48	42.7	60	48	58	82	85	75	85	108	105	95	105	128

表 H-4 紧固件的通孔及沉孔尺寸（摘自 GB/T 5277—1985 和 GB/T 152.2~4—1988）   mm

螺钉或螺栓直径 d		3	4	5	6	8	10	12	14	16	18	20	22	24	27	30	36
通孔直径 d_1 GB/T 5277—1985	精装配	3.2	4.3	5.3	6.4	8.4	10.5	13	15	17	19	21	23	25	28	31	37
	中等装配	3.4	4.5	5.5	6.6	9	11	13.5	15.5	17.5	20	22	24	26	30	33	39
	粗装配	3.6	4.8	5.8	7	10	12	14.5	16.5	18.5	21	24	26	28	32	35	42
用于六角头螺栓／用于带垫圈的六角螺母 GB/T 152.4—1988	D 小六角					17	20	24	26	30	32	36	40	42	48	54	65
	D 六角	9	10	11	13	18	22	26	30	33	36	40	43	48	53	61	71
	D	8	10	11	13	18	22	26	30	33	36	40	43	48	53	61	71
	h	锪平为止															
用于圆柱头螺钉 GB/T 152.3—1988	D	6	8.0	10	12	15	18	20	24	26	32	33					
	H	1.9	2.5	3	3.5	5	6	7	8	9	10	11					
	H_1	2.4	3.2	4.0	4.7	6	7	8	9	10.5	11	12.5					
用于圆柱头内六角螺钉 GB/T 152.2—1988	D	6.0	8.0	10	11	15	18	20	24	26	32	33	38	40	46	48	57
	H		4	5	6	8	10	12	14	16	18	20	22	24	27	30	36
	H_1	4.5	5.5	6.6	7	9	11	13.5	15.5	17.5	19	22	23	26	28	33	39
用于沉头螺钉 GB/T 152.2—1988	D	6.4	9.6	10.6	12.8	17.6	20.3	24.4	28.4	32.4	36	40.4					

表 H-5 扳手空间

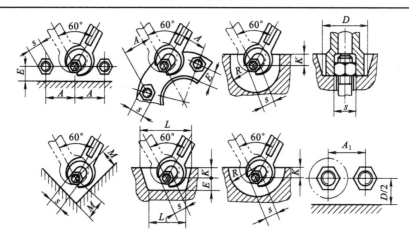

螺纹直径 d	s	A	A_1	$E=K$	M	L	L_1	R	D
6	10	26	18	8	15	46	38	20	24
8	13	32	24	11	18	55	44	25	28
10	16	38	28	13	22	62	50	30	30
12	18	42	—	14	24	70	55	32	—
14	21	48	36	15	26	80	65	36	40
16	24	55	48	16	30	85	70	42	45
18	27	62	45	19	32	95	75	46	52
20	30	68	48	20	35	105	85	60	56
22	34	76	55	24	40	120	95	58	60
24	36	80	58	24	42	125	100	60	70
27	41	90	65	26	46	135	110	65	76
30	46	100	72	30	50	155	125	75	82
33	50	108	76	32	55	165	130	80	88
36	55	118	85	36	60	180	145	88	95
39	60	125	90	38	65	190	155	92	100
42	65	135	96	42	70	205	165	100	106
45	70	145	105	45	75	220	175	105	112
48	75	160	115	48	80	235	185	115	126
52	80	170	120	48	84	245	195	125	132
56	85	180	126	52	90	260	205	130	138
60	90	185	134	58	95	275	215	135	145
64	95	195	140	58	100	285	225	140	152
68	100	205	145	65	105	300	235	150	158

表 H-6 轴上固定螺钉用的孔　　　　mm

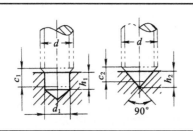

d	3	4	6	8	10	12	16	20	24
d_1			4.5	6	7	9	12	15	18
c_1			4	5	6	7	8	10	12
c_2	1.5	2	3	3	3.5	4	5	6	
$h_1 \geqslant$			4	5	6	7	8	10	12
h_2	1.5	2	3	3	3.5	4	5	6	

表 H-7　六角头螺栓—A 和 B 级(摘自 GB/T 5782—2000)、

六角头螺栓—全螺纹—A 和 B 级(摘自 GB/T 5783—2000)　　　　mm

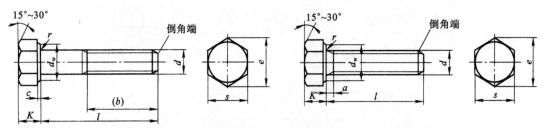

标记示例:

　　螺纹规格 d＝M12、公称长度 l＝80、性能等级为 8.8 级、表面氧化、A 级的六角头螺栓的标记为

　　螺栓　GB/T　5782　M12×80

标记示例:

　　螺纹规格 d＝M12、公称长度 l＝80、性能等级为 8.8 级、表面氧化、全螺纹、A 级的六角头螺栓的标记为

　　螺栓　GB/T　5783　M12×80

螺纹规格 d			M3	M4	M5	M6	M8	M10	M12	(M14)	M16	(M18)	M20	(M22)	M24	(M27)	M30	M36
b 参考	l≤125		12	14	16	18	22	26	30	34	38	42	46	50	54	60	66	
	125<l≤200		18	20	22	24	28	32	36	40	44	48	52	56	60	66	72	84
	l>200		31	33	33	37	41	45	49	53	57	61	65	69	73	79	85	97
a	max		1.5	2.1	2.4	3	3.75	4.5	5.25	6	6	7.5	7.5	7.5	9	9	10.5	12
c	max		0.4	0.4	0.5	0.5	0.6	0.6	0.6	0.6	0.8	0.8	0.8	0.8	0.8	0.8	0.8	0.8
	min		0.15	0.15	0.15	0.15	0.15	0.15	0.15	0.15	0.2	0.2	0.2	0.2	0.2	0.2	0.2	0.2
d_w	min	A	4.6	5.9	6.9	8.9	11.6	14.6	16.6	19.6	22.5	25.3	28.2	31.7	33.6	—	—	—
		B	4.5	5.7	6.7	8.7	11.5	14.5	16.5	19.2	22	24.9	27.7	31.4	33.3	38	42.8	51.1
e	min	A	6.01	7.66	8.79	11.05	14.38	17.77	20.03	23.35	26.75	30.14	33.53	37.72	39.98	—	—	—
		B	5.88	7.50	8.63	10.89	14.20	17.59	19.85	22.78	26.17	29.56	32.95	37.29	39.55	45.2	50.85	60.79
K	公称		2	2.8	3.5	4	5.3	6.4	7.5	8.8	10	10.5	12.5	14	15	17	18.7	22.5
r	min		0.1	0.2	0.2	0.25	0.4	0.4	0.6	0.6	0.6	0.6	0.8	0.8	0.8	1	1	1
s	公称		5.5	7	8	10	13	16	18	21	24	27	30	34	36	41	46	55
l 范围			20~30	25~40	25~50	30~60	35~80	40~100	45~120	60~140	55~160	60~180	65~200	70~220	80~240	90~260	90~300	110~360
l 范围(全螺线)			6~30	8~40	10~50	12~60	16~80	20~100	25~120	30~140	30~150	35~180	40~150	45~200	50~150	55~200	60~200	70~200
l 系列			6,8,10,12,16,20~70(5 进位),80~160(10 进位),180~360(20 进位)															

	材料	力学性能等级	螺纹公差	公差产品等级		表面处理
技术条件	钢	8.8	6g	A 级用于 d≤24 和 l≤10d 或 l≤150		氧化或镀锌钝化
				B 级用于 d>24 或 l>10d 或 l>150		

注:1. A、B 为产品等级,A 级最精确,C 级最不精确。C 级产品详见 GB/T 5780—2000、GB/T 5781—2000。

　　2. l 系列中,M14 中的 55、65,M18 和 M20 中的 65,全螺纹中的 55、65 等规格尽量不采用。

　　3. 括号内为第二系列螺纹直径规格,尽量不采用。

表 H-8　双头螺柱（摘自 GB/T 897～900—1988）

GB/T 897—1988(b_m=1d)　　GB/T 898—1988(b_m=1.25d)　　GB/T 899—1988(b_m=1.5d)　　GB/T 900—1988(b_m=2d)

标记示例

A 型　倒角端　倒角端

B 型　辗制末端　辗制末端

$x≈1.5p$（粗牙螺距）

两端形式	d/mm	l/mm	性能等级	表面处理	型号	b_m/mm	标记
两端均为粗牙普通螺纹	10	50	4.8	不处理	B	1d	螺柱 GB/T 897 M10×50
旋入机体一端为粗牙普通螺纹，旋螺母一端为螺距 p=1mm 的细牙普通螺纹	10	50	4.8	不处理	A	1d	螺柱 GB/T 897 AM10-M10×1×50
旋入机体一端为过渡配合螺纹的第一种配合，旋螺母一端为粗牙普通螺纹	10	50	8.8	镀锌钝化	B	1d	螺柱 GB/T 897 GM10-M10×50-8.8-Zn.D
旋入机体一端为过盈配合螺纹，旋螺母一端为粗牙普通螺纹	10	50	8.8	镀锌钝化	A	2d	螺柱 GB/T 900 AYM10-M10×50-8.8-Zn.D

螺纹规格 d		M3	M4	M5	M6	M8	M10	M12	M16	M20	M24	M30	M36	M42	M48
b_m	GB/T 897	—	—	5	6	8	10	12	16	20	24	30	36	42	48
	GB/T 898	—	—	6	8	10	12	15	20	25	30	38	45	52	60
	GB/T 899	4.5	6	8	10	12	15	18	24	30	36	45	54	63	72
	GB/T 900	6	8	10	12	16	20	24	32	40	48	60	72	84	96

l							b								l
12															140
(14)	6						36								150
16		8													160
(18)			10				44	52	60	72	84	96	108		170
20	10			10	12										180
(22)															190
25		11													200
(28)				14	16	14	16								210
30			16						85						220
(32)					16	20									230
35						20	25		97	109	121				240
(38)															250
40								30							260
45			18			30	30								280
50							35								300
(55)				22											
60								40							
(65)							45								
70					26	30		45	50						
(75)							50								
80															
(85)				38	46			60	60						
90						54			70						
(95)															
100							66			80					
110								78	90	102					
120															
130						32									

技术条件		材料		机械性能等级		过渡及过盈配合螺纹		1. 左边的 l 系列查左边两粗黑线之间的 b 值，右边的 l 系列查右边的粗黑线上方的 b 值；
		钢		4.8、5.8、6.8、8.8、10.9、12.9		GM、G2M、YM(GB/T 900—1988)		2. GB/T 898，d=M5～M20 为商品规格，其余均为通用规格。
		不锈钢		A2-50、A2-70		GM、G2M(GB/T 898～899—1988)		3. b_m=d，一般用于钢对钢，b_m=(1.25～1.5)d，一般用于钢对铸铁，b_m=2d，一般用于钢对铝合金
	产品等级：B	螺纹公差		表面处理(GB/T 897、GB/T 898)		表面处理(GB/T 899、GB/T 900)		
		6g		钢 ①不经处理；②氧化 ③镀锌钝化 不锈钢：不经处理		钢 ①不经处理；②氧化 ③镀锌钝化 不锈钢：不经处理		

注：两端螺纹长度相同的双头螺柱参见有关手册。

表 H-9　内六角圆柱头螺钉(摘自 GB/T 70.1—2008)　　　　　　　　　mm

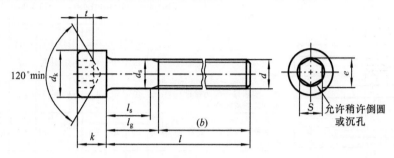

$$l_{gmax} = l_{公称} - b \; ; \; l_{smin} = l_{gmax} - 5P \; ; \; P - 螺距$$

标记示例

螺纹规格 $d=$M10、公称长度 $l=20$ mm、性能等级为 8.8 级、表面氧化的内六角圆柱螺钉:

螺钉 GB/T 70.1 M10×20

螺纹规格 d		M5	M6	M8	M10	M12	M16	M20	M24	M30
螺距 p		0.8	1	1.25	1.5	1.75	2	2.5	3	3.5
d_k	最大*	8.5	10	13	16	18	24	30	36	45
	最大**	8.72	10.22	13.27	16.27	18.27	24.33	30.33	36.39	45.39
k	最大	5	6	8	10	12	16	20	24	30
d_s	最大	5	6	8	10	12	16	20	24	30
b	参考	22	24	28	32	36	44	52	60	72
e	最小	4.58	5.72	6.86	9.15	11.43	16	19.44	21.73	25.15
S	公称	4	5	6	8	10	14	17	19	22
t	最小	2.5	3	4	5	6	8	10	12	15.5
l 范围	公称	8~50	10~60	12~80	16~100	20~120	25~160	30~200	40~200	45~200
制成全螺纹时 $l\leqslant$		22	30	35	40	45	55	65	80	90
l 系列	公称	10,12,(14),16,20~50(5 进位),(55),60,65,70~160(10 进位),180,200								

技术条件	材料	机械性能等级	螺纹公差	产品等级	表面处理
	钢	$d<3$ mm, $d>39$ mm 时按协议, 3 mm$\leqslant d\leqslant$39 mm 时为 8.8、10.9、12.9	12.9 级时为 5 g 或 6 g 其他等级时为 6 g	A	氧化
	不锈钢	$d<24$ mm 时为 A2-70、A4-70 24 mm$\leqslant d\leqslant$39 mm 时为 A2-50、A4-50, $d>39$ mm 时按协议			简单处理

注:① M24 和 M30 为通用规格,其余为商品规格;

　　② *系光滑头部,** 系滚花头部;

　　③ 材料为 Q235 和 15、35、45 钢。

表 H-10　十字槽盘头螺钉和十字槽沉头螺钉(摘自 GB/T 818—2000、GB/T 819.1—2000)　mm

十字槽盘头螺钉(GB/T 818—2000)

辗制末端

十字槽沉头螺钉(GB/T 819.1—2000)

圆的或平的 辗制末端

$90°^{+2°}_{0}$

标记示例

螺纹规格 d=M5、公称长度 l=20 mm、性能等级为 4.8 级、不经表面处理的 H 型十字槽盘头螺钉：

螺钉 GB/T 818 M5×20

螺纹规格 d		M3	M4	M5	M6	M8	M10
螺距 p		0.5	0.7	0.8	1	1.25	1.5
a 最大		1	1.4	1.6	2	2.5	3
b 最小		25	38	38	38	38	38
GB/T 818	d_k 最大	5.6	8	9.5	12	16	20
	k 最大	2.4	3.1	3.7	4.6	6	7.5
	x 最大	1.25	1.75	2	2.5	3.2	3.8
GB/T 819.1	d_k 最大（公称）	5.5	8.4	9.3	11.3	15.8	18.3
	k 最大	1.65	2.7	2.7	3.3	4.65	5
	x 最大	1.25	1.75	2	2.5	3.2	3.8
l 系列		3,4,5,6,8,10,12,(14),16,20,25,30,35, 40,45,50,(55),60					
技术条件	材料	钢	不锈钢		产品等级：A		
	机械性能等级	4.8	A2.70、A2.50		螺纹公差：6g		
	表面处理	① 不经处理; ② 镀锌钝化					

注：GB/T 819—2000 没有不锈钢材料。

表 H-11　开槽圆柱头螺钉、开槽盘头螺钉和开槽沉头螺钉

(摘自 GB/T 65—2000、GB/T 67—2000、GB/T 68—2000)　　mm

开槽圆柱头螺钉(GB/T 65—2000)
开槽盘头螺钉(GB/T 67—2000)

圆的或平的

t　r

5°(最大)

开槽沉头螺钉(GB/T 68—2000)

$90°^{+2°}_{0}$

标记示例

螺纹规格 d=M5、公称长度 l=20 mm、性能等级为 4.8 级、不经表面处理的开槽圆柱头螺钉：

螺钉 GB/T 65 M5×20

螺纹规格 d		M3	M4	M5	M6	M8	M10
a(最大)		1	1.4	1.6	2	2.5	3
n(公称)		0.8	1.2	1.2	1.6	2	2.5
GB/T 65—2000	d_k 最大	5.50	7	8.5	10	13	16
	k 最大	2.00	2.6	3.3	3.9	5	6
	t 最小	0.85	1.1	1.3	1.6	2	2.4
	d_a 最大		4.7	5.7	6.8	9.2	11.2
	r 最小	0.1	0.2	0.2	0.25	0.4	0.4
	商品规格长度 l		5~40	6~50	8~60	10~80	12~80
	全螺纹长度 l	4~30	5~40	6~40	8~40	10~40	12~40
GB/T 67—2000	d_k 最大	5.6	8	9.5	12	16	20
	k 最大	1.8	2.4	3	3.6	4.8	6
	t 最小	0.7	1	1.2	1.4	1.9	2.4
	d_a 最大	3.6	4.7	5.7	6.8	9.2	11.2
	r 最小	0.1	0.2	0.2	0.25	0.4	0.4
	商品规格长度 l	4~30	5~40	6~50	8~60	10~80	12~80
	全螺纹长度 l	4~30	5~40	6~40	8~40	10~40	12~40
GB/T 68—2000	d_k 最大	5.5	8.4	9.3	11.3	15.8	18.3
	k 最大	1.65	2.7	2.7	3.3	4.65	5
	r 最小	0.8	1	1.3	1.5	2	2.5
	t 最小	0.6	1	1.1	1.2	1.8	2
	商品规格长度 l	5~30	6~40	8~50	8~60	10~80	12~80
	全螺纹长度 l	5~30	6~40	8~45	8~45	10~45	12~45

注：技术条件同表 11-15，但材料为钢时的性能等级：对钢为 4.8、5.8 级；对不锈钢为 A2.50、A2.70 级。

表 H-12 紧定螺钉(摘自 GB/T 71—1985、GB/T 73—1985、GB/T 75—1985)　　　mm

开槽锥端紧定螺钉(GB/T71—1985)　　开槽平端紧定螺钉(GB/T73—1985)　　开槽长圆柱端紧定螺钉(GB/T75—1985)

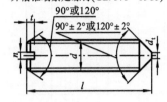 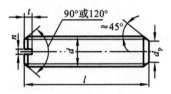 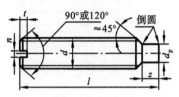

标记示例

螺纹规格 d＝M5、公称长度 l＝12 mm、性能等级为 14H 级、表面氧化的开槽锥端紧定螺钉(或沉头螺钉)的标记为

螺钉　GB/T 71—1985　M5×12

相同规格的另外两种螺钉的标记分别为

螺钉　GB/T 73—1985　M5×12　螺钉　GB/T 75—1985　M5×12

螺纹规格 d	螺距 P	n (公称)	t (max)	d_t (max)	d_p (max)	z (max)	长度 l		制成 120°的短螺钉 长度 l		l 系列 (公称)
							GB/T 71—1985 GB/T 75—1985	GB/T 73—1985	GB/T 73—1985	GB/T 75—1985	
M4	0.7	0.6	1.42	0.4	2.5	2.25	6～20	4～20	4	6	4,5,6,8,
M5	0.8	0.8	1.63	0.5	3.5	2.75	8～25	5～25	5	8	10,12,
M6	1	1	2	1.5	4	3.25	8～30	6～30	6	8.10	16,20,
M8	1.25	1.2	2.5	2	5.5	4.3	10～40	8～40	6	10.12	25,30,
M10	1.5	1.6	3	2.5	7	5.3	12～50	10～50	8	12.16	35,40, 45,50,60

技术条件	材料		力学性能等级	螺纹公差	公差产品等级	表面处理
	Q235、15、35、45		14H、22H	6 g	A	氧化或镀锌钝化

表 H-13　吊环螺钉(摘自 GB/T 825—1988)　　mm

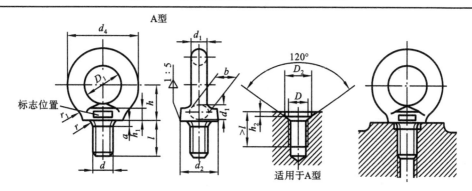

标记示例

　螺纹规格 M20、材料为 20 钢、经正火处理、不经表面处理的 A 型吊环螺钉的标记为

　　螺钉　GB/T 825—1988　M20

d(D)	M8	M10	M12	M16	M20	M24	M30	M36
d_1(max)	9.1	11.1	13.1	15.2	17.4	21.4	25.7	30
D_1(公称)	20	24	28	34	40	48	56	67
d_2(max)	21.1	25.1	29.1	35.2	41.4	49.4	57.7	69
h_1(max)	7	9	11	13	15.1	19.1	23.2	27.4
h	18	22	26	31	36	44	53	63
d_4(参考)	36	44	52	62	72	88	104	123
r_1	4	4	6	6	8	12	15	18
r(min)	1	1	1	1	1	2	2	3
l(公称)	16	20	22	28	35	40		
a(max)	2.5	3	3.5	4	5	6		
b	10	12	14	16	19	24		
D_2(公称 min)	13	15	17	22	28	32		
h_2(公称 min)	2.5	3	3.5	4.5	5	7		
最大起吊重量 /kg	单螺钉起吊	0.16	0.25	0.4	0.63	1	1.6	2.5	4
	双螺钉起吊	0.08	0.125	0.2	0.32	0.5	0.8	1.25	2

注:① 材料为 20 或 25 钢;

　　② d 为商品规格。

表 H-14　小垫圈和平垫圈(摘自 GB/T 848—2002、GB/T 97.1—2002、GB/T 95—2002)　mm

小垫圈—A 级(GB/T 848—2002)

平垫圈—A 级(GB/T 97.1—2002)　平垫圈—倒角型—A 级(GB/T 97.2—2002)

平垫圈—C 级(GB/T 95—2002)

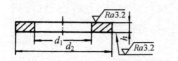 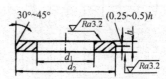

标记示例

(1) 小系列(或标准系列)、公称直径 $d=8$ mm、性能等级为 140HV 级、不经表面处理的小垫圈(或平垫圈,或倒角型平垫圈):

垫圈 GB/T 848(或 GB/T 97.1,或 GB/T 97.2)—1985-8-140HV

(2) 标准系列、公称直径 d=8 mm、性能等级为 100HV 级、不经表面处理的平垫圈:垫圈 GB/T 95—2002

公称直径(螺纹规格)		M5	M6	M8	M10	M12	M16	M20	M24	M30	M36
h	GB/T 848—2002	1	1.6	1.6	2	2.5	3	3	4	4	5
	GB/T 97.1—2002 GB/T 97.2—2002	1.1	1.8	1.8	2.2	2.7	3.3	3.3	4.3	4.3	5.6
	GB/T 95—2002	1	1.6	1.6	2	2.5	3	3	4	4	5
d_1	GB/T 848—2002 GB/T 97.1—2002 GB/T 97.2—2002	5.3	6.4	8.4	10.5	13	17	21	25	31	37
	GB/T 95—2002	5.5	6.6	9	11	13.5	17.5	22	26	33	39
d_2	GB/T 848—2002	9	11	15	18	20	28	34	39	50	60
	GB/T 97.1—2002 GB/T 97.2—2002	10	12	16	20	24	30	37	44	56	66
	GB/T 95—2002	10	12	16	20	24	30	37	44	56	66

注:材料为 Q215、Q235。

表 H-15 弹簧垫圈(摘自 GB/T 93—1987、GB/T 859—1987)　　　　mm

标准型弹簧垫圈(GB/T 93—1987)

轻型弹簧垫圈(GB/T 859—1987)

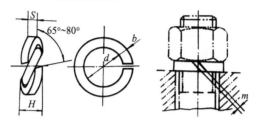

标记示例

公称直径＝16 mm、材料为 65Mn、表面氧化的标准型弹簧垫圈：

垫圈 GB/T 93—1987 16

公称直径 (螺纹规格)	d(min)	GB/T 93—1987			GB/T 859—1987			
		S(b)	H(max)	m⩽	S	b	H(max)	m⩽
3	3.1	0.8	2	0.4	0.6	1	1.5	0.3
4	4.1	1.1	2.75	0.55	0.8	1.2	2	0.4
5	5.1	1.3	3.25	0.65	1.1	1.5	2.75	0.55
6	6.1	1.6	4	0.8	1.3	2	3.25	0.65
8	8.1	2.1	5.25	1.05	1.6	2.5	4	0.8
10	10.2	2.6	6.5	1.3	2	3	5	1
12	12.2	3.1	7.75	1.55	2.5	3.5	6.25	1.25
(14)	14.2	3.6	9	1.8	3	4	7.5	1.5
16	16.2	4.1	10.25	2.05	3.2	4.5	8	1.6
(18)	18.2	4.5	11.25	2.25	3.6	5	9	1.8
20	20.2	5	12.5	2.5	4	5.5	10	2
(22)	22.5	5.5	13.75	2.75	4.5	6	11.25	2.25
24	24.5	6	15	3	5	7	12.5	2.5
(27)	27.5	6.8	17	3.4	5.5	8	13.75	2.75
30	30.5	7.5	18.75	3.75	6	9	15	3
(33)	33.5	8.5	21.25	4.25	—	—	—	—
36	36.5	9	22.5	4.5	—	—	—	—
(39)	39.5	10	25	5	—	—	—	—
42	42.5	10.5	26.25	5.25	—	—	—	—
(45)	45.5	11	27.5	5.5	—	—	—	—
48	48.5	12	30	6	—	—	—	—

注:材料为 65Mn。淬火并回火处理、硬度 42～50HRC,尽可能不用括号内的规格。

表 H-16　圆螺母用止动垫圈（摘自 GB/T 858—1988）　　　　　mm

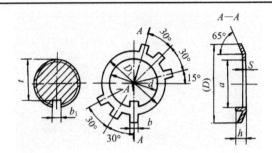

标记示例

公称直径＝16 mm、材料为 Q235、退火、表面氧化的圆螺母用止动垫圈：

垫圈 GB/T 858 16

公称直径 （螺纹规格）	d	(D) 参考	D_1	S	b	a	h	轴端	
								b_1	t
20	20.5	38	27	1	4.8	17	4	5	16
24	24.5	45	34			21			20
25 *	25.5	45	34			22			—
30	30.5	52	40			27			26
35 *	35.5	56	43		5.7	32	5	6	—
36	36.5	60	46			33			32
40 *	40.5	62	49			37			—
42	42.5	66	53			39			38
48	48.5	76	61	1.5		45		8	44
50 *	50.5	76	61			47			—
55 *	56	82	67		7.7	52			—
56	57	90	74			53			52
64	65	100	84			61	6		60
65 *	66					62			—
68	69	105	88			65			64
72	73	110	93			69		10	68
75 *	76			1.5	9.6	71			—
76	77	115	98			72			70
80	81	120	103			76	7		74
85	86	125	108			81			79
90	91	130	112			86		12	84
95	96	135	117	—	11.6	91			89
100	101	140	122			96			94

注：① 材料为 Q235；

②标有 * 的规格仅用于滚动轴承锁紧装置。

表 H-17　轴端挡圈(摘自 GB/T 891—1986、GB/T 892—1986)　　　　mm

螺钉紧固轴端挡圈(GB/T 891—1986)

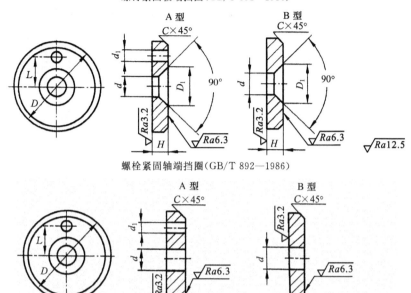

螺栓紧固轴端挡圈(GB/T 892—1986)

标记示例

公称直径 $D=45$ mm、材料为 Q235-A、不经表面处理的 A 型螺栓紧固轴端挡圈:

挡圈 GB/T 892 45

按 B 型制造时,应加标记 B:

挡圈 GB/T 892 B 45

轴径 d_0 ≤	公称直径 D	H 基本尺寸	H 极限偏差	L 基本尺寸	L 极限偏差	d	C	d_1	D_1	GB/T 891—1986 螺钉 GB/T 819—1985 (推荐)	GB/T 891—1986 圆柱销 GB/T 119 —1986 (推荐)	GB/T 892—1986 螺栓 GB/T 5783 —1985 (推荐)	GB/T 892—1986 圆柱销 GB/T 119 —1986 (推荐)	安装尺寸 垫圈 GB/T 93 —1987	L_1	L_2	L_3	h
14	20	4																
16	22	4																
18	25	4				5.5	0.5	2.1	11	M5×12	A2×10	M5×16	A2×10	5	14	6	16	5.1
20	28	4		7.5														
22	30	4		7.5	±0.11													
25	32	5		10														
28	35	5		10														
30	38	5	0 −0.30	10		6.6	1	3.2	13	M6×16	A3×12	M6×20	A3×12	6	18	7	20	6
32	40	5		12														
35	45	5		12														
40	50	5		12	±0.135													
45	55	6		16														
50	60	6		16														
55	65	6		16		9	1.5	4.2	17	M8×20	A4×14	M8×25	A4×14	8	22	8	24	8
60	70	6		20														
65	75	6		20														
70	80	6		20	±0.165													
75	90	8	0 −0.36	25		13	2	5.2	25	M12×25	A5×16	M12×30	A5×16	12	26	10	28	11.5
85	100	8		25														

注:① 当挡圈装在带中心孔的轴端时,紧固用螺钉(螺栓)允许加长;

　　② 材料为 Q235-A 和 35、45 钢。

表 H-18　孔用弹性挡圈-A 型（摘自 GB/T 893.1—1986）　　　　　　mm

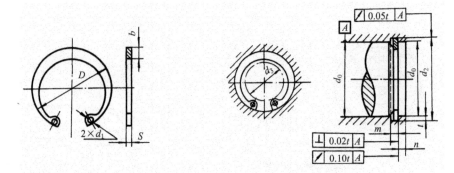

标记示例

挡圈 GB/T 893.1 50　　　　　　　　　　d_3—允许套入的最大轴径

（孔径 d_0＝50 mm、材料 65Mn、热处理硬度 44~51HRC、经表面氧化处理的 A 型孔用弹性挡圈）

孔径	挡圈				沟槽（推荐）			轴	孔径	挡圈				沟槽（推荐）			轴
d_0	D	S	$b\approx$	d_1	d_2	m	$n\geq$	$d_3\leq$	d_0	D	S	$b\approx$	d_1	d_2	m	$n\geq$	$d_3\leq$
18	19.5		2.1	1.7	19			9	58	62.2				61			43
19	20.5				20			10	60	64.2				63			44
20	21.5	1			21	1.1	1.5		62	66.2	2	5.2		65	2.2		45
21	22.5		2.5		22			11	63	67.2				66			46
22	23.5				23			12	65	69.2				68			48
24	25.9			2	25.2			13	68	72.5				71			50
25	26.9		2.8		26.2		1.8	14	70	74.5		5.7		73		4.5	53
26	27.9				27.2			15	72	76.5				75			55
28	30.1	1.2			29.4	1.3		17	75	79.5				78			56
30	32.1		3.2		31.4		2.1	18	78	82.5		6.3	3	81			60
31	33.4				32.7			19	80	85.5				83.5			63
32	34.4				33.7		2.6	20	82	87.5	2.5	6.8		85.5	2.7		65
34	36.5				35.7			22	85	90.5				88.5			68
35	37.8			2.5	37			23	88	93.5				91.5			70
36	38.8		3.6		38			24	90	95.5		7.3		93.5			72
37	39.8				39		3	25	92	97.5				95.5		5.3	73
38	40.8	1.5			40	1.7		26	95	100.5				98.5			75
40	43.5		4		42.5			27	98	103.5		7.7		101.5			78
42	45.5				44.5			29	100	105.5				103.5			80
45	48.5				47.5		3.8	31	102	108		8.1		106			82
47	50.5				49.5			32	105	112				109			83
48	51.5		4.7	3	50.5			33	108	115		8.8		112			86
50	54.2				53			36	110	117	3		4	114	3.2	6	88
52	56.2	2			55	2.2	4.5	38	112	119				116			89
55	59.2				58			40	115	122		9.3		119			90
56	60.2		5.2		59			41	120	127				124			95

注：① 材料为 65Mn、60Si2MnA；

　　② 热处理（淬火并回火）：$d_0\leq48$ mm，硬度为 47~54 HRC；$d_0>48$ mm，硬度为 44~51HRC。

表 H-19 轴用弹性挡圈-A 型（摘自 GB/T 894.1—1986）   mm

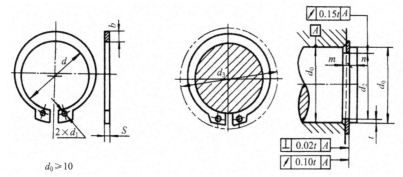

$d_0 \geqslant 10$

标记示例

挡圈 GB/T 894.1 50 d_3—允许套入的最小孔径

（轴径 $d_0 = 50$ mm、材料 65Mn、热处理 44～51HRC、经表面氧化处理的 A 型轴用弹性挡圈）

轴径	挡圈				沟槽（推荐）			孔	轴径	挡圈				沟槽（推荐）			孔
d_0	d	S	$b\approx$	d_1	d_2	m	$n\geqslant$	$d_3\geqslant$	d_0	d	S	$b\approx$	d_1	d_2	m	$n\geqslant$	$d_3\geqslant$
18	16.5		2.48	1.7	17			27	55	50.8		5.48		52			70.4
19	17.5				18			28	56	51.8				53			71.7
20	18.5	1			19	1.1	1.5	29	58	53.8	2			55	2.2		73.6
21	19.5		2.68		20			31	60	55.8		6.12		57			75.8
22	20.5				21			32	62	57.8				59			79
24	22.2		3.32	2	22.9			34	63	58.8				60		4.5	79.6
25	23.2				23.9		1.7	35	65	60.8				62			81.6
26	24.2	1.2			24.9			36	68	63.5				65			85
28	25.9		3.60		26.6	1.3		38.4	70	65.5		6.32	3	67			87.2
29	26.9		3.72		27.6		2.1	39.8	72	67.5				69			89.4
30	27.9				28.6			42	75	70.5				72	2.7		92.6
32	29.6		3.92		30.3			44	78	73.5				75			96.2
34	31.5		4.32		32.3		2.6	46	80	74.5	2.5			76.5			98.2
35	32.2				33			48	82	76.5				78.5			101
36	33.2		4.52	2.5	34			49	85	79.5		7.0		81.5			104
37	34.2				35		3	50	88	82.5				84.5		5.3	107.3
38	35.2	1.5			36	1.7		51	90	84.5		7.6		86.5			110
40	36.5				37.5			53	95	89.5				91.5			115
42	38.5		5.0		39.5			56	100	94.5		9.2		96.5			121
45	41.5				42.5		3.8	59.4	105	98		10.7		101			132
48	44.5			3	45.5			62.8	110	103		11.3		106	3.2	6	136
50	45.8	2	5.48		47	2.2	4.5	64.8	115	108	3		4	111			142
52	47.8				49			67	120	113		12		116			145

注：① 材料为 65Mn、60Si2MnA；

　② 热处理（淬火并回火）：$d_0 \leqslant 48$ mm，硬度为 47～54HRC；$d_0 > 48$ mm，硬度为 44～51HRC。

表 H-20　圆螺母和小圆螺母(摘自 GB/T 812—1988、GB/T 810—1988)　　　　mm

圆螺母(GB/T 812—1988)　　　　　　小圆螺母(GB/T 810—1988)

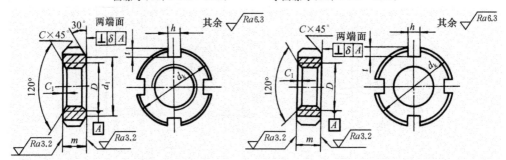

标记示例　螺母 GB/T 812 M16×1.5

螺母 GB/T 810 M16×1.5

(螺纹规格 D=M16×1.5、材料为45钢、槽或全部热处理硬度35～45HRC、表面氧化的圆螺母和小圆螺母)

圆螺母(GB/T 812—1988)

螺纹规格 $D×P$	d_k	d_1	m	h max	h min	t max	t min	C	C_1
M10×1	22	16	8	4.3	4	2.6	2	0.5	0.5
M12×1.25	25	19							
M14×1.5	28	20							
M16×1.5	30	22							
M18×1.5	32	24							
M20×1.5	35	27							
M22×1.5	38	30	10	5.3	5	3.1	2.5	1	0.5
M24×1.5	42	34							
M25×1.5*	42	34							
M27×1.5	45	37							
M30×1.5	48	40							
M33×1.5	52	43							
M35×1.5*	52	43							
M36×1.5	55	46		6.3	6	3.6	3		
M39×1.5	58	49							
M40×1.5*	58	49							
M42×1.5	62	53							
M45×1.5	68	59							
M48×1.5	72	61							
M50×1.5*	72	61							
M52×1.5	78	67							
M55×2*	78	67							
M56×2	85	74	12	8.36	8	4.25	3.5	1.5	1
M60×2	90	79							
M64×2	95	84							
M65×2*	95	84							
M68×2	100	88							
M72×2	105	93							
M75×2*	105	93							
M76×2	110	98	15	10.36	10	4.75	4		
M80×2	115	103							
M85×2	120	108							
M90×2	125	112							
M95×2	130	117	18	12.43	12	5.75	5		
M100×2	135	122							
M105×2	140	127							

小圆螺母(GB/T 810—1988)

螺纹规格 $D×P$	d_k	m	h max	h min	t max	t min	C	C_1
M10×1	20	6	4.3	4	2.6	2	0.5	0.5
M12×1.25	22							
M14×1.5	25							
M16×1.5	28							
M18×1.5	30		5.3	5	3.1	2.5		
M20×1.5	32							
M22×1.5	35							
M24×1.5	38	8						
M27×1.5	42							
M30×1.5	45							
M33×1.5	48							
M36×1.5	52		6.3	6	3.6	3		
M39×1.5	55							
M42×1.5	58							
M45×1.5	62							
M48×1.5	68						1	
M52×1.5	72							
M56×2	78	10	8.36	8	4.25	3.5		1
M60×2	80							
M64×2	85							
M68×2	90							
M72×2	95							
M76×2	100	12						
M80×2	105							
M85×2	110		10.36	10	4.75	4		
M90×2	115							
M95×2	120						1.5	
M100×2	125		12.43	12	5.75	5		
M105×2	130	15						

技术条件	材料	螺纹公差	热处理及表面处理
	45钢	6H	①槽或全部热处理后35～45HRC;②调质后24～30HRC;③氧化

注:① 槽数 n:当 D≤M100×2时,n=4;当 D≥M105×2时,n=6;

② *仅用于滚动轴承锁紧装置。

表 H-21　Ⅰ型六角螺母—A 和 B 级(摘自 GB/T 6170—2000)、
六角薄螺母—A 和 B 级一倒角(摘自 GB/T 6172.1—2000)

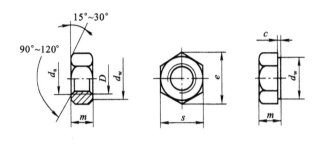

标记示例:

螺纹规格 D＝M12、性能等级为 8 级、不经表面处理、A 级的Ⅰ型六角螺母的标记为

螺母　GB/T 6170　M12

螺纹规格 D＝M12、性能等级为 04 级、不经表面处理、A 级的六角薄螺母的标记为

螺母　GB/T 6172.1　M12

允许制造型式(GB/T 6170)

螺纹规格 D		M3	M4	M5	M6	M8	M10	M12	(M14)	M16	(M18)	M20	(M22)	M24	(M27)	M30	M36
d_a	max	3.45	4.6	5.75	6.75	8.75	10.8	13	15.1	17.30	19.5	21.6	23.7	25.9	29.1	32.4	38.9
d_w	min	4.6	5.9	6.9	8.9	11.6	14.6	16.6	19.6	22.5	24.9	27.7	31.4	33.3	38	42.8	51.1
e	min	6.01	7.66	8.79	11.05	14.38	17.77	20.03	23.36	26.75	29.56	32.95	37.29	39.55	45.2	50.85	60.79
s	max	5.5	7	8	10	13	16	18	21	24	27	30	34	36	41	46	55
c	max	0.4	0.4	0.5	0.5	0.6	0.6	0.6	0.6	0.8	0.8	0.8	0.8	0.8	0.8	0.8	0.8
m (max)	六角螺母	2.4	3.2	4.7	5.2	6.8	8.4	10.8	12.8	14.8	15.8	18	19.4	21.5	23.8	25.6	31
	薄螺母	1.8	2.2	2.7	3.2	4	5	6	7	8	9	10	11	12	13.5	15	18

技术条件	材料	性能等级	螺纹公差	表面处理	公差产品等级
	钢	六角螺母 6,8,10 薄螺母 04、05	6H	不经处理或 镀锌钝化	A 级用于 D≤M16 B 级用于 D＞M16

注:尽可能不采用括号内的规格。

附录 I 键与销连接

表 I-1 平键 (GB 1095—2003、1096—2003)   mm

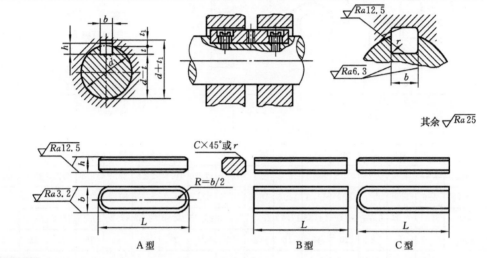

其余 $\sqrt{Ra\,25}$

A型   B型   C型

标记示例

键 16×100   GB1096—2003(圆头普通平键(A型)b=16 mm, h=10 mm, L=100 mm)

键 B16×100   GB1096—2003(平头普通平键(B型)b=16 mm, h=10 mm, L=100 mm)

键 C16×100   GB1096—2003(单圆头普通平键(C型)b=16 mm, h=10 mm, L=100 mm)

轴	键	键 槽											
		宽度 b						深 度				半径 r	
公称直径 d	公称尺寸 $b×h$	公称尺寸 b	极限偏差					轴 t		毂 t_1			
			较松键连接		一般键连接		较紧键连接	公称尺寸	极限偏差	公称尺寸	极限偏差	最小	最大
			轴 H9	毂 D10	轴 N9	毂 Js9	轴和毂 P9						
6~8	2×2	2	+0.025	+0.060	−0.004	±0.0125	−0.006	1.2	+0.1 0	1.0	+0.1 0	0.08	0.16
>8~10	3×3	3	0	+0.020	−0.029		−0.031	1.8		1.4			
>10~12	4×4	4	+0.030	+0.078	0	±0.015	−0.012	2.5		1.8			
>12~17	5×5	5	0	+0.030	−0.030		−0.042	3.0		2.3		0.16	0.25
>17~22	6×6	6						3.5		2.8			
>22~30	8×7	8	+0.036	+0.098	0	±0.018	−0.015	4.0		3.3			
>30~38	10×8	10	0	+0.040	−0.036		−0.051	5.0		3.3			
>38~44	12×8	12						5.0		3.3			
>44~50	14×9	14	+0.043	+0.120	0	±0.0215	−0.018	5.5	+0.2 0	3.8	+0.2 0	0.25	0.40
>50~58	16×10	16	0	+0.050	−0.043		−0.061	6.0		4.3			
>58~65	18×11	18						7.0		4.4			
>65~75	20×12	20						7.5		4.9			
>75~85	22×14	22	+0.052	+0.149	0	±0.026	−0.022	9.0		5.4		0.40	0.60
>85~95	25×14	25	0	+0.065	−0.052		−0.074	9.0		5.4			
>95~110	28×16	28						10.0		6.4			

续表

键 的 长 度 系　　列	6,8,10,12,14,16,18,20,22,25,28,32,36,40,45,50,56,63,70,80,90,100,110,125,140,160,180,200,220,250,280,320,360

注:① 在零件工作图中,轴槽深用 t 或 $(d-t)$ 标注,轮毂槽深用 $(d+t_1)$ 标注;

　　② $(d-t)$ 和 $(d+t_1)$ 两组组合尺寸的极限偏差按相应的 t 和 t_1 极限偏差选取,但 $(d-t)$ 极限偏差值应取负号;

　　③ 键尺寸的极限偏差 b 为 h8,h 为 h11,L 为 h14;

　　④ 图中,表面粗糙度非 GB 1095—2003、1096—2003 的内容,仅供参考。

表 I-2　圆柱销与圆锥销（GB 119—2000、GB 117—2000）　　　　　　mm

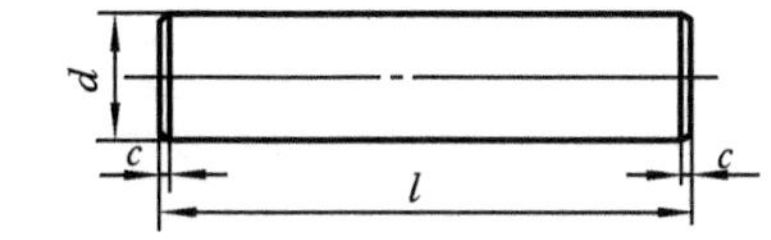

d	5	6	8	10	12	16	20
$c\approx$	1.2	1.6	2	2.5	3	3.5	4
l 范围	12～60	14～80	18～95	22～140	26～180	35～200	50～200

标记示例

公称直径 $d=10$ mm,长度 $l=60$ mm的圆柱销:

销 GB 119.1—2000　10 m6×60

l 系列:18,20,22,24,26,28,30,32,35,40,45,50,55,60,65,70,75,80,85,90,95,100,120,140,160,180,200

1. 钢硬度 125～245 HV30,奥氏体不锈钢 A1 硬度 210～280 HV30

2. 表面粗糙度公差 m6,$Ra\leqslant0.8$ μm,公差 h8,$Ra\leqslant1.6$ μm

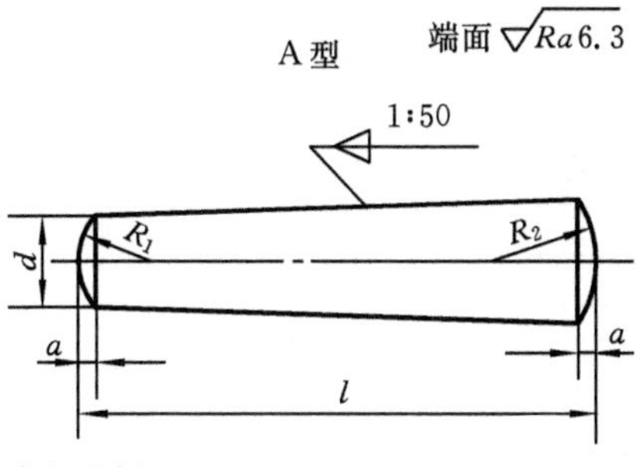

d	5	6	8	10	12	16	20
$a\approx$	0.63	0.8	1	1.2	1.6	2	2.5
l 范围	18～60	22～90	22～120	26～160	32～180	40～200	45～200

A 型　端面 $\sqrt{Ra6.3}$

1:50

标记示例

公称直径 $d=10$ mm,长度 $l=60$ mm的 A 型圆锥销:

销 A10×60　GB 117—2000

l 系列:18,20,22,24,26,28,30,32,35,40,45,50,55,60,65,70,75,80,85,90,95,100,120,140,160,180,200

附录J 联 轴 器

表 J-1 联轴器轴孔及连接形式与尺寸（GB 3852—1997）

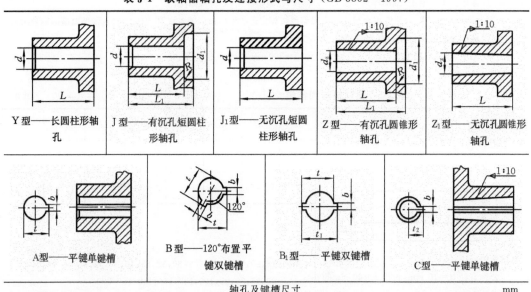

Y型——长圆柱形轴孔　　J型——有沉孔短圆柱形轴孔　　J₁型——无沉孔短圆柱形轴孔　　Z型——有沉孔圆锥形轴孔　　Z₁型——无沉孔圆锥形轴孔

A型——平键单键槽　　B型——120°布置平键双键槽　　B₁型——平键双键槽　　C型——平键单键槽

轴孔及键槽尺寸　　　　　　　　　　　　　　　　　　　　　　　　　　　　　　　mm

直径 D、d_1	轴孔长度 Y型	J、J_1、Z、Z_1型	沉孔 L_1（J、Z）	沉孔 d_1（J、Z）	A型、B型、B_1型 b	t 公称尺寸	t 极限偏差	t_1 公称尺寸	t_1 极限偏差	C型 b	t_2 公称尺寸	t_2 极限偏差
20	52	38	52	38	6	24.8	+0.1	27.6	+0.2	4	10.9	+0.1
22							0		0		11.9	0
24					8	27.3	+0.2	30.6	+0.4	5	13.4	
25	62	44	62	48		28.3	0	31.6	0		13.7	
28						31.3		34.6			15.2	
30	82	60	82	55		33.3		36.6			15.8	
32					10	35.3		38.6		6	17.3	
35						38.3		41.6			18.8	
38				65		41.3		44.6			20.3	
40	112	84	112		12	43.3		46.6		10	21.2	+0.2
42						45.3		48.6			22.2	0
45				80	14	48.8		52.6		12	23.7	
48						51.8		55.6			25.2	
50				95		53.8		57.6			26.2	
55					16	59.3		63.6		14	29.2	
56						60.3		64.6			29.7	
60	142	107	142	105	18	64.4		68.8		16	31.7	
63						67.4		71.8			32.2	
65						69.4		73.8			34.2	

轴孔及键槽尺寸

直径	轴孔长度		沉孔		A 型、B 型、B$_1$ 型				C 型		
D、d_1	Y 型	J、J$_1$、Z、Z$_1$ 型	L_1	d_1	b	t		t_1		b	t_2	
			J、Z			公称尺寸	极限偏差	公称尺寸	极限偏差		公称尺寸	极限偏差
70	142	107	142	120	20	74.9	+0.2	79.8	+0.4	18	36.8	+0.2
71						75.9	0	80.8	0		37.3	0
75						79.9		84.8			39.3	
80	172	132	172	140	22	85.4		90.8		20	41.6	
85						90.4		95.8			44.1	
90				160	25	95.4		100.8		22	47.1	
95						100.4		105.8			49.6	
100	212	167	212	180	28	106.4		112.8		25	51.3	
110						116.4		122.8			56.3	
120				210	32	127.4		134.8		28	62.3	
125						132.4		139.8			64.8	
130	252	202	252	235		137.4		144.8			66.4	
140					36	148.4		156.8		32	72.4	
150				265		158.4		166.8			77.4	

轴孔与轴伸的配合、轴孔、轴向尺寸及键槽宽度极限偏差

圆柱孔或圆锥孔直径 d、d_z	圆柱形孔与轴伸的配合		圆锥形轴孔配合及轴向尺寸偏差		键槽宽度的极限偏差
			配合代号	轴向尺寸偏差	
19～30	H7/j6	根据使用要求也可以采用 H7/n6、H7/p6 和 H7/r6		0 −0.33	
30～50	H7/k6			0 −0.39	
50～80			H8/k8	0 −0.46	P9（或 JS9）
85～120	H7/m6			0 −0.54	
125～180				0 −0.63	

注：① 轴孔长度推荐选用 J 型和 J$_1$ 型，Y 型仅限于长圆柱形轴伸电动机端；
  ② 沉孔为小端直径 d_1，锥度为 30°的锥形孔；
  ③ 单键槽与 180°布置的双键槽对轴孔线的对称度按 GB 1184—1996 中对称度 7～9 级选用；
  ④ 锥度公差应符合 GB 11334—1989 中圆锥公差 AT6 级的规定；
  ⑤ 轴孔与轴伸配合选用大于表中规定的配合时，应验算联轴器轮毂强度；
  ⑥ 无沉孔的圆锥形轴孔详见 GB 3852—1997。

表 J-2　凸缘式联轴器（GB 5843—2003）　　　　　　　　　mm

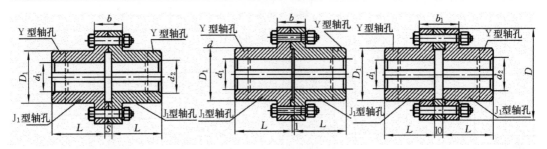

GY 型凸缘联轴器　　　　　GYS 型有对中榫凸缘联轴器　　　　　GYH 型有对中环凸缘联轴器

标记示例　GY3 凸缘联轴器

主动端:Y 型轴孔,$d_1=20$ mm,$L_1=52$ mm;　　　从动端:J_1 型轴孔,$d_2=28$ mm,$L_1=44$ mm

标记为:GY3 联轴器 $\dfrac{Y20\times52}{J_128\times44}$　GB 5843—2003

型号	公称转矩 $T_n/(N\cdot m)$	许用转速 $[n]/(r/min)$	轴孔直径 d_1,d_2	轴孔长度 L		D	D_1	b	b_1	S	转动惯量 $I/(kg\cdot m^2)$	质量 m/kg
				Y	J_1							
GY1	25	12 000	12,14	32	27	80	30	26	42	6	0.000 8	1.16
GYS1			16,18	42	30							
GYH1			19									
GY2	63	10 000	16,18,19	42	30	90	40	28	44	6	0.001 5	1.72
GYS2			20,22,24	52	38							
GYH2			25	62	44							
GY3	112	9 500	20,22	52	38	100	45	30	46	6	0.002 5	2.38
GYS3			24									
GYH3			25,28	62	44							
GY4	224	9 000	25,28	62	44	105	55	32	48	6	0.003	3.15
GYS4			30									
GYH4			32,35	82	60							
GY5	400	8 000	30,32	82	60	120	68	36	52	8	0.007	5.43
GYS5			35,38									
GYH5			40,42	112	84							
GY6	900	6 800	38	82	60	140	80	40	56	8	0.015	7.59
GYS6			40,42,45	112	84							
GYH6			48,50									
GY7	1 600	6 000	48,50	112	84	160	100	40	56	8	0.031	13.1
GYS7			55,56									
GYH7			60,63	142	107							

表 J-3 **LT 型弹性套柱销联轴器**（GB/T 4323—2002）　　　mm

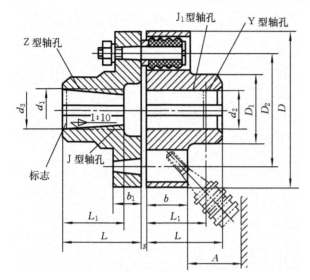

标记示例

　LT3 弹性套柱销联轴器

　主动端:Z 型轴孔,C 型键槽

　　$d_2 = 16$ mm,$L_1 = 30$ mm

　从动端:J 型轴孔,B 型键槽

　　$d_3 = 18$ mm,$L_1 = 30$ mm

　标记为:

　LT3 联轴器 $\dfrac{ZC16 \times 30}{JB18 \times 30}$

　GB/T 4323—2002

型号	公称转矩 T_n/(N·m)	许用转速 $[n]$/(r/min)	轴孔直径 d_1,d_2,d_3	轴 孔 长 度				D	b	A⩾	质量 m/kg	转动惯量 I/(kg·m²)
				Y 型	J,J₁,Z 型		L_{max}					
				L	L_1	L						
LT1	6.3	8 800	9	20	14		25	71	16	18	0.82	0.000 5
			10,11	25	17							
			12,14	32	20							
LT2	16	7 600	12,14				35	80			1.20	0.000 8
			16,18,19	42	30	42						
LT3	31.5	6 300	16,18,19				38	95	23	35	2.20	0.002 3
			20,22	52	38	52						
LT4	63	5 700	20,22,24				40	106			2.84	0.003 7
			25,28	62	44	62						
LT5	125	4 600	25,28				50	130	38	45	6.05	0.012 0
			30,32,35	82	60	82						
LT6	250	3 800	30,32,35				55	160			9.57	0.028 0
			40,42	112	84	112						
LT7	500	3 600	40,42,45,48				65	190			14.01	0.055 0
LT8	710	3 000	45,48,50,55,56				70	224	48	65	23.12	0.134 0
			60,63	142	107	142						
LT9	1 000	2 850	50,55,56	112	84	112	80	250			30.69	0.213 0
			60,63,65,70,71	142	107	142						
LT10	2 000	2 300	63,65,70,71,75				100	315	58	80	61.40	0.660 0
			80,85,90,95	172	132	172						
LT11	4 000	1 800	80,85,90,95				115	400	73	100	120.7	2.122 0
			100,110	212	167	212						

注:① 优先选用轴孔长度 L_{max};

　② 质量、转动惯量按材料为铸钢、最大轴孔、L_{max} 计算的近似值;

　③ 尺寸 b 摘自重型机械标准。

表 J-4　LX 型弹性柱销联轴器（GB/T 5014—2003）　　　　　　　　mm

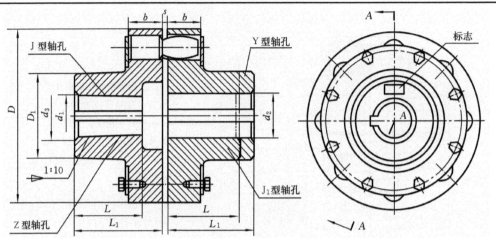

标记示例　LX3 弹性柱销联轴器　主动端:Z 型轴孔,C 型键槽　$d_2 = 30$ mm,$L_1 = 60$ mm

从动端:J 型轴孔,B 型键槽　$d_3 = 40$ mm,$L_1 = 84$ mm

标记为:LX3 联轴器$\dfrac{\text{ZC}30\times60}{\text{JB}40\times84}$　GB/T 5014—2003

型号	公称转矩 T_n/(N·m)	许用转速 $[n]$/(r/min)	轴孔直径 d_1, d_2, d_3	轴孔长度			D	D_1	b	s	转动惯量 I/(kg·m²)	质量 m/kg
				Y 型	J,J₁,Z 型							
				L	L	L_1						
LX1	250	8 500	12,14	32	27		90	40	20	2.5	0.002	2
			16,18,19	42	30	42						
			20,22,24	52	38	52						
LX2	560	6 300	20,22,24				120	55	28		0.009	5
			25,28	62	44	62						
			30,32,35	82	60	82						
LX3	1 250	4 750	30,32,35,38				160	75	36		0.026	8
			40,42,45,48	112	84	112						
LX4	2 500	3 870	40,42,45,48,50,50,56				195	100	45	3	0.109	22
			60,63	142	107	142						
LX5	3 150	3 450	50,55,56	112	84	112	220	120	45		0.191	30
			60,63,65,70,71,75	142	107	142						
LX6	6 300	2 720	60,63,65,70,71,75				280	140	56	4	0.543	53
			80,85	172	132	172						
LX7	11 200	2 360	70,71,75	142	107	142	320	170	56		1.314	98
			80,85,90,95	172	132	172						
			100,110	212	167	212						

注:质量、转动惯量按 J/Y 轴孔组合形式和最小轴孔直径计算的近似值。

表 J-5 GL 型滚子链联轴器（GB/T 6069—2002）   mm

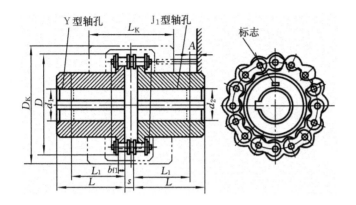

标记示例

GL7 型滚子链联轴器

主动端：J_1 型孔，B 型键槽，$d_1 = 45$ mm，$L = 84$ mm

从动端：J 型孔，B_1 型键槽，$d_2 = 50$ mm，$L = 84$ mm

GL7 联轴器 $\dfrac{J_1 B45 \times 84}{JB_1 50 \times 84}$

GB/T 6069—2002

（B 型键槽：120°布置平键双键槽。

B_1 型键槽：180°布置平键双键槽）

型号	公称转矩 T_n/(N·m)	许用转速 [n]/(r/min) 不装罩壳	许用转速 [n]/(r/min) 安装罩壳	轴孔直径 (d_1, d_2) /mm	轴孔长度 /mm Y型 L	轴孔长度 /mm L_1型 L	链号	链条节距 p/mm	齿数 z	D	b_{f1}	s	A	D_K max	L_K max	质量 m /kg	转动惯量 I /(kg·m²)
GL1	40	1 400	4 500	16	42	—	06B	9.525	14	51.06	5.3	4.9	—	70	70	0.40	0.000 10
				18	42	—							—				
				19	42	—							—				
				20	52	38							4				
GL2	63	1 250	4 500	19	42	—	06B	9.525	16	57.08	5.3	4.9	4	75	75	0.70	0.000 20
				20	52	38							4				
				22	52	38							4				
				24	52	38							4				
GL3	100	1 000	4 000	20	52	38	08B	12.7	14	68.88	7.2	6.7	12	85	80	1.1	0.000 38
				22	52	38							12				
				24	52	38							12				
				25	62	44							6				
GL4	160	1 000	4 000	24	52	—	08B	12.7	16	76.91	7.2	6.7	—	95	88	1.8	0.000 86
				25	62	44							6				
				28	62	44							6				
				30	82	60							—				
				32	82	60							—				
GL5	250	800	3 150	28	62	—	10A	15.875	16	94.46	8.9	9.2	—	112	100	3.2	0.002 5
				30	82	60							—				
				32	82	60							—				
				35	82	60							—				
				38	82	60							—				
				40	112	84							—				

续表

型号	公称转矩 T_n/(N·m)	许用转速 $[n]$/(r/min)		轴孔直径 (d_1,d_2) /mm	轴孔长度 /mm		链号	链条节距 p/mm	齿数 z	D	b_{f1}	s	A	D_K max	L_K max	质量 m /kg	转动惯量 I /(kg·m²)
		不装罩壳	安装罩壳		Y型 L	L₁型 L					mm						
GL6	400	630	2 500	32	82	60	10A	15.875	20	116.57	8.9	9.2	—	140	105	5.0	0.005 8
				35	82	60							—				
				38	82	60							—				
				40	112	84							—				
				42	112	84							—				
				45	112	84							—				
				48	112	84							—				
				50	112	84							—				
GL7	630	630	2 500	40	112	84	12A	19.05	18	127.78	11.9	10.9	—	150	122	7.4	0.012
				42	112	84											
				45	112	84											
				48	112	84											
				50	112	84											
				55	112	84											
				60	142	107											
GL8	1 000	500	2 240	45	112	84	16A	25.40	16	154.33	15.0	14.3	12	181	135	11.1	0.025
				48	112	84							12				
				50	112	84							12				
				55	112	84							12				
				60	142	107							—				
				65	142	107							—				
				70	142	107							—				
GL9	1 600	400	2 000	50	112	84	16A	25.40	20	186.50	15.0	14.3	12	215	145	20.0	0.061
				55	112	84							12				
				60	142	107							—				
				65	142	107							—				
				70	142	107							—				
				75	142	107							—				
				80	172	132							—				
GL10	2 500	315	1 600	60	142	107	20A	31.75	18	213.02	18.0	17.8	6	245	165	26.1	0.079
				65	142	107							6				
				70	142	107							6				
				75	142	107							6				
				80	172	132							—				
				85	172	132							—				
				90	172	132							—				

注：① 有罩壳时,在型号后加"F",例如 GL5 型联轴器,有罩壳时改为 GL5F;

② 表中联轴器质量、转动惯量均为近似值。

表 J-6　GICL 型鼓形齿式联轴器（JB/T 8854.3—2001）　　　　mm

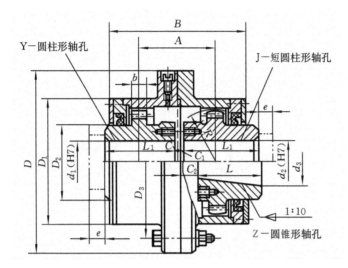

标记示例

GICL 型齿轮联轴器

主动端：Y 型轴孔，A 型键槽，$d_1 = 45$ mm，$L = 112$ mm

从动端：J_1 型轴孔，B 型键槽，$d_2 = 40$ mm，$L = 84$ mm

标记为：

GICL4 联轴器 $\dfrac{45 \times 112}{J_1 B40 \times 84}$ JB/T 8854.3—2001

型号	公称转矩 T_n/(N·m)	许用转速 $[n]$ /(r/min)	轴孔直径 d_1, d_2, dz	轴孔长度 L Y 型	轴孔长度 L J 型，Z 型	D	D_1	D_2	B	A	C	C_1	C_2	e	转动惯量 I/(kg·m²)	质量 m/kg
GICL1	800	7 100	16,18,19	42		125	95	60	115	75	20				0.009	5.9
			20,22,24	52	38						10		24	30		
			25,28	62	44						25		19			
			30,32,35,38	82	60							15	22			
GICL2	1 400	6 300	25,28	62	44	145	120	75	135	88	105		29		0.02	9.7
			30,32,35,38	82	60						25	125	30			
			40,42,45,48	112	84							135	28			
GICL3	2 800	5 900	30,32,35,38	82	60	170	140	95	155	106	3	245	25		0.047	17.2
			40,42,45,48,50,55,56	112	84							17	28			
													35			
			60	142	107											
GICL4	5 000	5 400	32,35,38	82	60	195	165	115	178	125	14	37	32		0.091	24.9
			40,42,45,48,50,55,56	112	84						3	17	28			
			60,63,65,70	142	107								35			
GICL5	8 000	5 000	40,42,45,48,50,55,56	112	84	225	183	130	198	142	3	25	28		0.167	38
			60,63,65,70,71,75	142	107							20	35			
			80	172	132							22	43			
GICL6	11 200	4 800	48,50,55,56	112	84	240	200	145	218	160	6	35			0.267	48.2
			60,63,65,70,71,75	142	107							20	35			
			80,85,90	172	132					4		22	43			

表 J-7 滑块式联轴器（JB/ZQ 4387—1997）

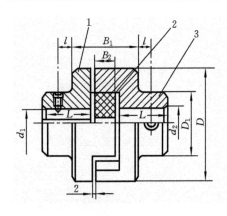

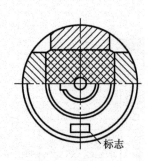

标记示例

WH2 滑块式联轴器
主动端：Y 型轴孔，C 型键槽
$d_1=16$ mm，$L=32$ mm
从动端：Z_1 型轴孔，B 型键槽
$d_2=18$ mm，$L=32$ mm
标记为：

WH2 联轴器 $\dfrac{\text{YC}16\times32}{Z_1\text{B}18\times32}$

JB/ZQ4387—1997

型号	公称转矩 $T_n/(N \cdot m)$	许用转速 $[n]/(r/min)$	轴孔直径 d_1、d_2	轴孔长度		D	D_1	B_1	B_2	l	质量 m/kg	转动惯量 I /(kg·m²)
				Y 型	J_1 型							
				L								
				/mm								
WH1	16	10 000	10,11	25	22	40	30	52	13	5	0.6	0.000 7
			12,14	32	27							
WH2	31.5	8 200	12,14	32	27	50	32	56	18	5	1.5	0.003 8
			16,18	42	30							
WH3	63	7 000	18,19	42	30	70	40	60	18	5	1.8	0.006 3
			20,22	52	38							
WH4	160	5 700	20,22,24	52	38	80	50	64	18	8	2.5	0.013
			25,28	62	44							
WH5	280	4 700	25,28	62	44	100	70	75	23	10	5.8	0.045
			30,32,35	82	60							
WH6	500	3 300	30,32,35,38	82	60	120	80	90	33	15	9.5	0.12
			40,42,45	112	84							
WH7	900	3 200	40,42,45,48	112	84	150	100	120	38	25	25	0.43
			50,55									
WH8	1 800	2 400	50,55	112	84	190	120	150	48	25	55	1.98
			60,63,65,70	142	107							
WH9	3 500	1 800	65,70,75	142	107	250	150	180	58	25	85	4.9
			80,85	172	132							
WH10	5 000	1 500	80,85,90,95	172	132	330	190	180	58	40	120	73.5
			100	212	167							

注：① 表中 I，m 是按最小轴孔和最大长度计算的近似值；

② 工作环境温度 $-20\sim70$ ℃。

附录 K 电 动 机

表 K-1　Y 系列三相异步电动机的技术参数 (JB/T 10391—2002)

电动机 型号	额定功率 /kW	满载转速 /(r/min)	堵转转矩 额定转矩	最大转矩 额定转矩
同步转速 3 000 r/min,2 极				
Y80M1-2	0. 75	2 830	2. 3	2. 2
Y80M2-2	1. 1	2 830	2. 3	2. 2
Y90S-2	1. 5	2 840	2. 3	2. 2
Y90L-2	2. 2	2 840	2. 3	2. 2
Y100L-2	3	2 870	2. 3	2. 2
Y112M-2	4	2 890	2. 3	2. 2
Y132S1-2	5. 5	2 920	2. 3	2. 2
Y132S2-2	7. 5	2 920	2. 3	2. 2
Y160M1-2	11	2 930	2. 3	2. 2
Y160M2-2	15	2 930	2. 3	2. 2
同步转速 3 000 r/min,2 极				
Y160L-2	18. 5	2 930	2. 0	2. 2
Y180M-2	22	2 940	2. 0	2. 2
Y200L1-2	30	2 950	2. 0	2. 2
Y200L2-2	37	2 950	2. 0	2. 2
Y225M-2	45	2 970	2. 0	2. 2
Y250M-2	55	2 970	2. 0	2. 2
同步转速 1 000 r/min,6 极				
Y90S-6	0. 75	910	2. 0	2. 2
Y90L-6	1. 1	910	2. 0	2. 2
Y100L-6	1. 5	940	2. 0	2. 2
Y112M-6	2. 2	940	2. 0	2. 2
Y132S-6	3	960	2. 0	2. 2
Y132M1-6	4	960	2. 0	2. 2
Y132M2-6	5. 5	960	2. 0	2. 2
Y160M-6	7. 5	970	2. 0	2. 0
Y160L-6	11	970	2. 0	2. 0
Y180L-6	15	970	1. 8	2. 0
Y200L1-6	18. 5	970	1. 8	2. 0
Y200L2-6	22	970	1. 8	2. 0
Y225M-6	30	980	1. 7	2. 0
Y250M-6	37	980	1. 8	2. 0
Y280S-6	45	980	1. 8	2. 0
Y280M-6	55	980	1. 8	2. 0

电动机 型号	额定功率 /kW	满载转速 /(r/min)	堵转转矩 额定转矩	最大转矩 额定转矩
同步转速 1 500 r/min,4 极				
Y80M1-4	0.55	1 390	2.4	2.3
Y80M2-4	0.75	1 390	2.3	2.3
Y90S-4	1.1	1 400	2.3	2.3
Y90L-4	1.5	1 400	2.3	2.3
Y100L1-4	2.2	1 430	2.2	2.3
Y100L2-4	3	1 420	2.2	2.3
Y112M-4	4	1 440	2.2	2.3
Y132S-4	5.5	1 440	2.2	2.3
Y132M-4	7.5	1 440	2.2	2.3
Y160M-4	11	1 460	2.2	2.3
同步转速 1 500 r/min,4 极				
Y160L-4	15	1 460	2.2	2.3
Y180M-4	18.5	1 470	2.0	2.2
Y180L-4	22	1 470	2.0	2.2
Y200L-4	30	1 470	2.0	2.2
Y225S-4	37	1 480	1.9	2.2
Y225M-4	45	1 480	1.9	2.2
Y250M-4	55	1 480	2.0	2.2
Y280S-4	75	1 480	1.9	2.2
Y280M-4	90	1 480	1.9	2.2
同步转速 750 r/min,8 极				
Y132S-8	2.2	710	2.0	2.0
Y132M-8	3	710	2.0	2.0
Y160M1-8	4	715	2.0	2.0
Y160M2-8	5.5	715	2.0	2.0
Y160L-8	7.5	715	2.0	2.0
Y180L-8	11	730	1.7	2.0
Y200L-8	15	730	1.8	2.0
Y225S-8	18.5	735	1.7	2.0
Y225M-8	22	735	1.8	2.0
Y250M-8	30	735	1.8	2.0
Y280S-8	37	740	1.8	2.0
Y280M-8	45	740	1.8	2.0
Y315S-8	55	740	1.6	2.0

表 K-2　Y 系列电动机安装代号

安装形式	基本安装形式	由 B3 派生的安装形式				
	B3	V5	V6	B6	B7	B8
示意图						
中心高/mm	80～280	80～160				

安装形式	基本安装形式	由 B5 派生的安装形式		基本安装形式	由 B35 派生的安装形式	
	B5	V1	V3	B35	V15	V36
示意图						
中心高/mm	80～225	80～280	80～160	80～280	80～160	

表 K-3　Y 系列三相异步电动机的安装及外形尺寸

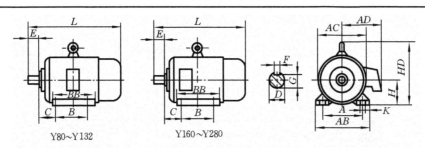

Y80～Y132　　　Y160～Y280

机座号	极数	A	B	C	D	E	F	G	H	K	AB	AC	AD	HD	BB	L
80	2,4	125	100	50	19	40	6	15.5	80	10	165	165	150	170	130	285
90S	2,4,6	140	100	56	24	50	8	20	90	10	180	175	155	190	130	310
90L	2,4,6	140	125	56	24	50	8	20	90	10	180	175	155	190	155	335
100L	2,4,6	160	140	63	28	60	8	24	100	12	205	205	180	245	170	380
112M	2,4,6	190	140	70	28	60	8	24	112	12	245	230	190	265	180	400
132S	2,4,6,8	216	140	89	38	80	10	33	132	12	280	270	210	315	200	475
132M	2,4,6,8	216	178	89	38	80	10	33	132	12	280	270	210	315	238	515
160M	2,4,6,8	254	210	108	42	110	12	37	160	15	330	325	255	385	270	600
160L	2,4,6,8	254	254	108	42	110	12	37	160	15	330	325	255	385	314	645
180M	2,4,6,8	279	241	121	48	110	14	42.5	180	15	355	360	285	430	311	670
180L	2,4,6,8	279	279	121	48	110	14	42.5	180	15	355	360	285	430	349	710
200L	2,4,6,8	318	305	133	55	110	16	49	200	15	395	400	310	475	379	775
225S	4,8	356	286	149	60	140	18	53	225	19	435	450	345	530	368	820
225M	2	356	311	149	55	110	16	49	225	19	435	450	345	530	393	815
225M	4,6,8	356	311	149	60	140	18	53	225	19	435	450	345	530	393	845
250M	2	406	349	168	60	140	18	53	250	24	490	495	385	575	455	930
250M	4,6,8	406	349	168	65	140	18	58	250	24	490	495	385	575	455	930
280S	2	457	368	190	65	140	18	58	280	24	550	555	410	640	530	1 000
280S	4,6,8	457	368	190	75	140	20	67.5	280	24	550	555	410	640	530	1 000
280M	2	457	419	190	65	140	18	58	280	24	550	555	410	640	581	1 050
280M	4,6,8	457	419	190	75	140	20	67.5	280	24	550	555	410	640	581	1 050

D 公差：机座号 90S～112M 为 $+0.009$／-0.004；132～200 为 $+0.018$／$+0.002$；250～280 为 $+0.030$／$+0.011$。

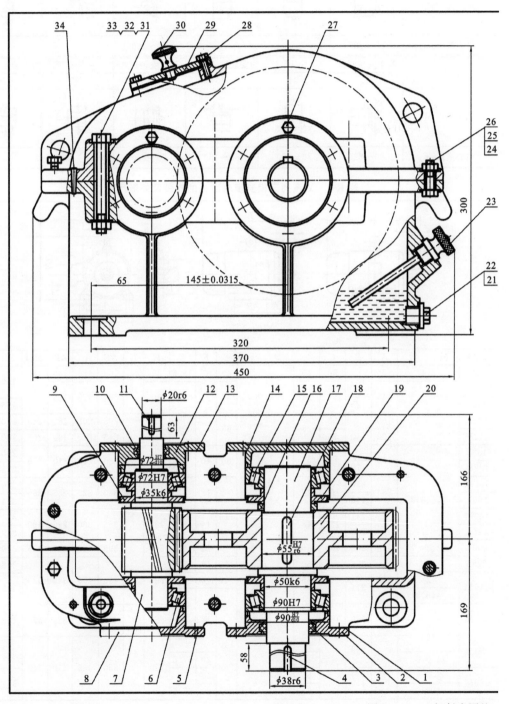

图 L-1.1 一级斜齿圆柱

减速器图例

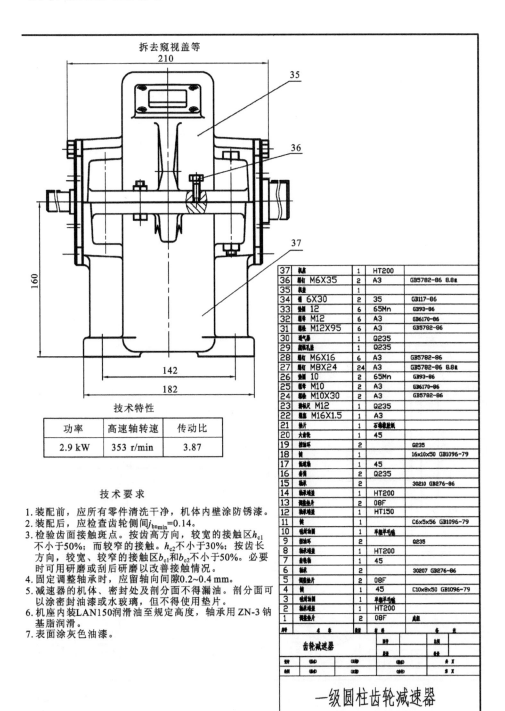

技术特性

功率	高速轴转速	传动比
2.9 kW	353 r/min	3.87

序号	名称	数量	材料	备注
37	机座	1	HT200	
36	螺钉 M6X35	2	A3	GB5782-86 8.8级
35	垫圈	1		
34	销 6X30	2	35	GB117-86
33	垫圈 12	6	65Mn	GB93-86
32	螺母 M12	6	A3	GB6170-86
31	螺栓 M12X95	6	A3	GB5782-86
30	通气器	1	Q235	
29	视孔盖	1	Q235	
28	螺钉 M6X16	6	A3	GB5782-86
27	螺钉 M8X24	24	A3	GB5782-86 8.8级
26	垫圈 10	2	65Mn	GB93-86
25	螺母 M10	2	A3	GB6170-86
24	螺栓 M10X30	2	A3	GB5782-86
23	游标尺 M12	1	Q235	
22	螺塞 M16X1.5	1	A3	
21	垫片	1	石棉橡胶纸	
20	大齿轮	1	45	
19	挡油环	2		Q235
18	键	1		16x10x50 GB1096-79
17	低速轴	1	45	
16	套筒	2	Q235	
15	轴承	2		30210 GB276-86
14	轴承端盖	1	HT200	
13	调整垫片	2	08F	
12	轴承端盖	1	HT150	
11	键	1		C6x5x56 GB1096-79
10	密封油圈	1	半粗羊毛毡	
9	挡油环	2		Q235
8	轴承端盖	1	HT200	
7	齿轮轴	1	45	
6	轴承	2		30207 GB276-86
5	调整垫片	2	08F	
4	键	1	45	C10x8x50 GB1096-79
3	密封油圈	1	半粗羊毛毡	
2	轴承端盖	1	HT200	
1	调整垫片	2	08F	成组

序号	名 称	数量	材 料	备 注
	齿轮减速器		制图	比例
			描图	
设计 (姓名)	(日期)	(日期)	(图号)	共 张
审核	(姓名)	(日期)	(日期)	第 张

一级圆柱齿轮减速器

技术要求

1. 装配前,应所有零件清洗干净,机体内壁涂防锈漆。
2. 装配后,应检查齿轮侧间 $j_{bnmin}=0.14$。
3. 检验齿面接触斑点。按齿高方向,较宽的接触区 h_{c1} 不小于50%;而较窄的接触。h_{c2} 不小于30%;按齿长方向,较宽、较窄的接触 b_{c1} 和 b_{c2} 不小于50%。必要时可用研磨或刮后研磨以改善接触情况。
4. 固定调整轴承时,应留轴向间隙0.2~0.4 mm。
5. 减速器的机体、密封处及剖分面不得漏油。剖分面可以涂密封油漆或水玻璃,但不得使用垫片。
6. 机座内装LAN150润滑油至规定高度,轴承用ZN-3钠基脂润滑。
7. 表面涂灰色油漆。

齿轮减速器装配图

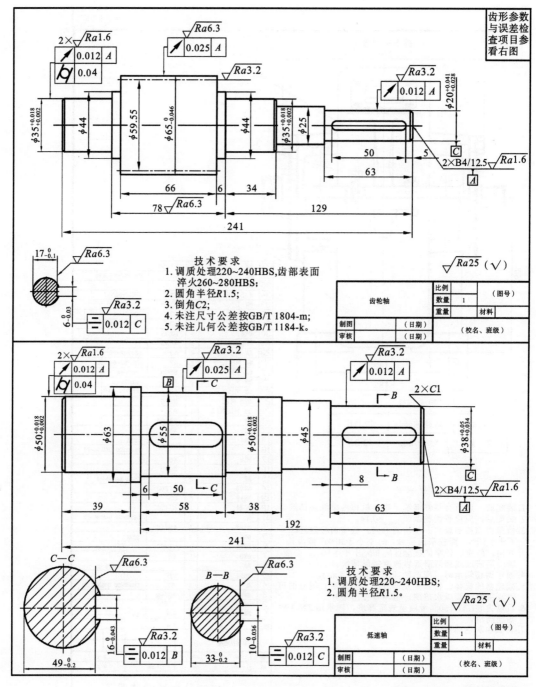

图 L-1.2　一级斜齿圆柱

模数	m	2	偏差检验项目	偏差允许值
齿数	z	111	齿距积累总偏差 F_p	0.053
齿形角	α	20°	单个齿距偏差 $\pm f_{pt}$	± 0.018
齿顶高系数	h_a^*	1.0	齿廓总偏差 F_α	0.030
螺旋角	β	0°	螺旋线总偏差 F_β	0.028
螺旋方向	右旋			
变位系数	x	0	公法线公称值	
精度等级	8 GB/T 10095—2008		及极限偏差 W_k	$11.84_{-0.180}^{-0.062}$
中心距及其偏差	145 ± 0.0315			
配对齿轮 图号			跨齿数 k	3
配对齿轮 齿数		23		

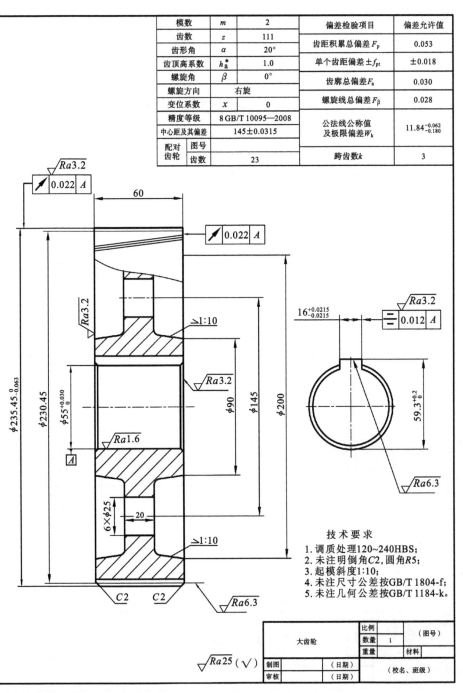

技 术 要 求
1. 调质处理120~240HBS;
2. 未注明倒角C2, 圆角R5;
3. 起模斜度1:10;
4. 未注尺寸公差按GB/T 1804-f;
5. 未注几何公差按GB/T 1184-k。

大齿轮	比例		（图号）
	数量	1	
	重量		材料
	制图	（日期）	（校名、班级）
	审核	（日期）	

齿轮减速器零件图

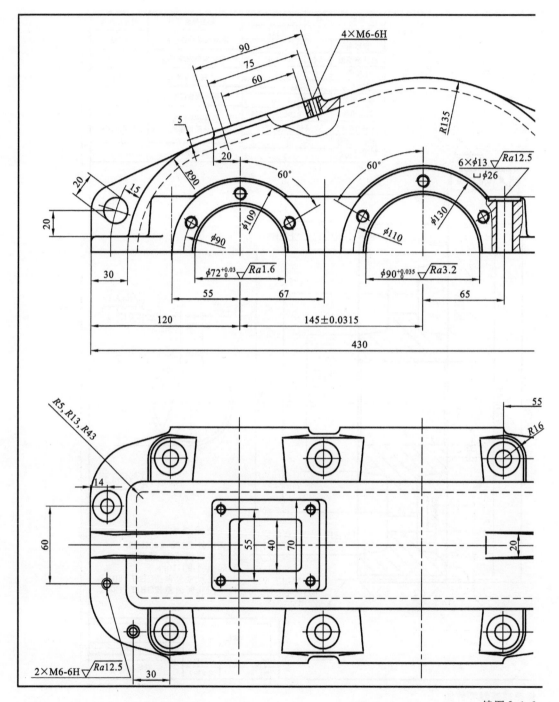

续图 L-1.2

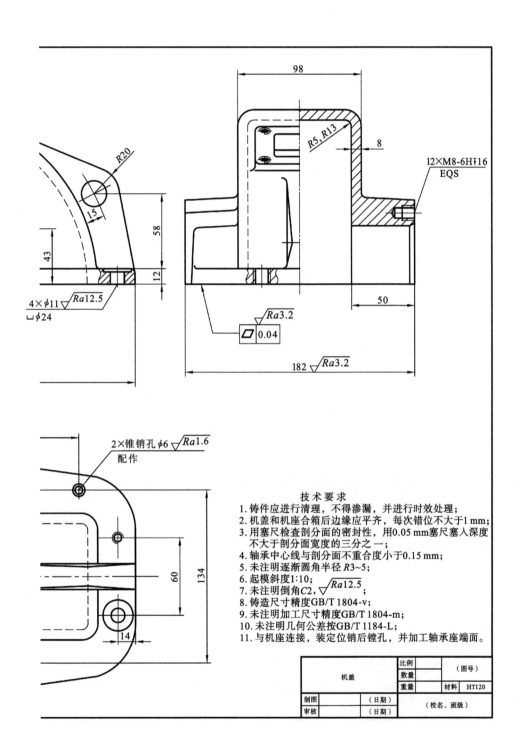

技术要求
1. 铸件应进行清理，不得渗漏，并进行时效处理；
2. 机盖和机座合箱后边缘应平齐，每次错位不大于1 mm；
3. 用塞尺检查剖分面的密封性，用0.05 mm塞尺塞入深度不大于剖分面宽度的三分之一；
4. 轴承中心线与剖分面不重合度小于0.15 mm；
5. 未注明逐渐圆角半径 $R3{\sim}5$；
6. 起模斜度1:10；
7. 未注明倒角 $C2$， $\sqrt{Ra12.5}$
8. 铸造尺寸精度GB/T 1804-v；
9. 未注明加工尺寸精度GB/T 1804-m；
10. 未注明几何公差按GB/T 1184-L；
11. 与机座连接，装定位销后镗孔，并加工轴承座端面。

机盖	比例		（图号）
	数量		
	重量		材料　HT120
制图		（日期）	（校名、班级）
审核		（日期）	

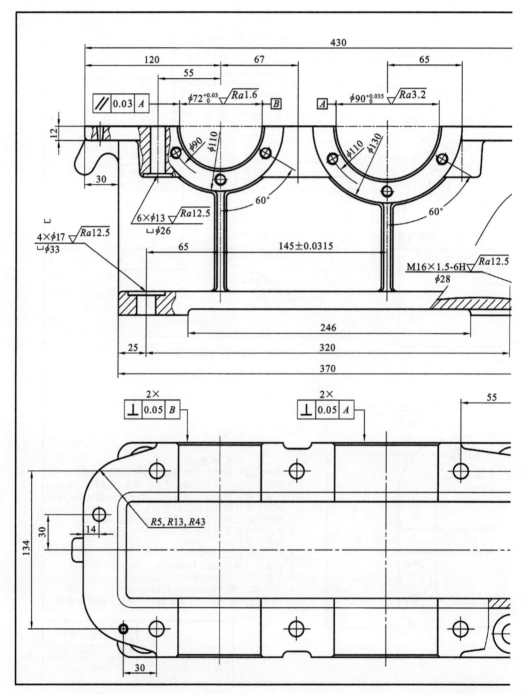

续图 L-1.2

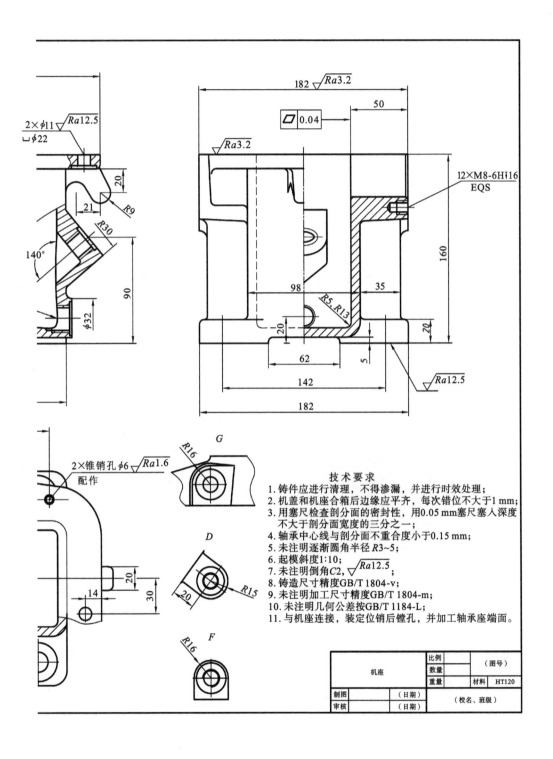

技术要求
1. 铸件应进行清理，不得渗漏，并进行时效处理；
2. 机盖和机座合箱后边缘应平齐，每次错位不大于1 mm；
3. 用塞尺检查剖分面的密封性，用0.05 mm塞尺塞入深度不大于剖分面宽度的三分之一；
4. 轴承中心线与剖分面不重合度小于0.15 mm；
5. 未注明逐渐圆角半径 R3~5；
6. 起模斜度1:10；
7. 未注明倒角C2, $\sqrt{Ra12.5}$
8. 铸造尺寸精度GB/T 1804-v;
9. 未注明加工尺寸精度GB/T 1804-m;
10. 未注明几何公差按GB/T 1184-L;
11. 与机座连接，装定位销后镗孔，并加工轴承座端面。

机座		比例		（图号）
		数量		
		重量	材料	HT120
制图	（日期）			
审核	（日期）		（校名、班级）	

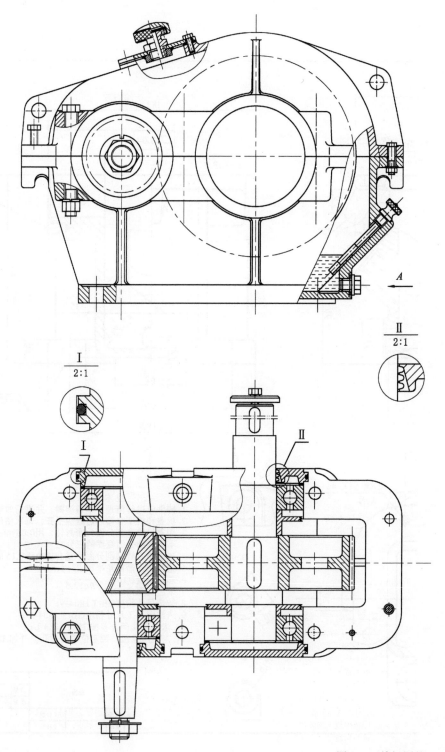

$\dfrac{II}{2:1}$

$\dfrac{I}{2:1}$

图 L-2　单级圆柱

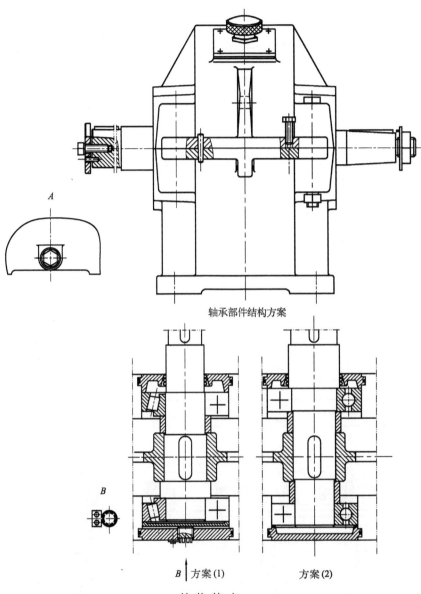

轴承部件结构方案

A

B

B 方案(1)　　　方案(2)

结 构 特 点

　　本图所示为单级斜齿圆柱齿轮减速器结构图。因轴向力不大,故选用深沟球轴承。由于齿轮的圆周速度不高,轴承采用脂润滑。选用嵌入式轴承盖,结构简单,可减少轴向尺寸和重量,嵌入式轴承盖与轴承座孔嵌合处有O形橡胶密封圈。

　　外伸轴与轴承盖之间采用油沟式密封,可防止漏油。箱座侧面设计成倾斜式,不但减轻了重量,而且也减少了底部尺寸。高速轴外伸端采用圆锥形结构,目的是便于轴端上零部件的装拆。

　　轴承部件结构方案(1)采用了螺钉调节方式(并设计有螺纹防松装置),可在不启开箱盖条件下方便地调节圆锥滚子轴承的游隙。轴承部件结构方案(2)系轴上零件必须从一端装入的情况,此种结构要求齿轮与轴的配合偏紧一些。这两种方案,轴承的润滑采用飞溅润滑方式。

齿轮减速器

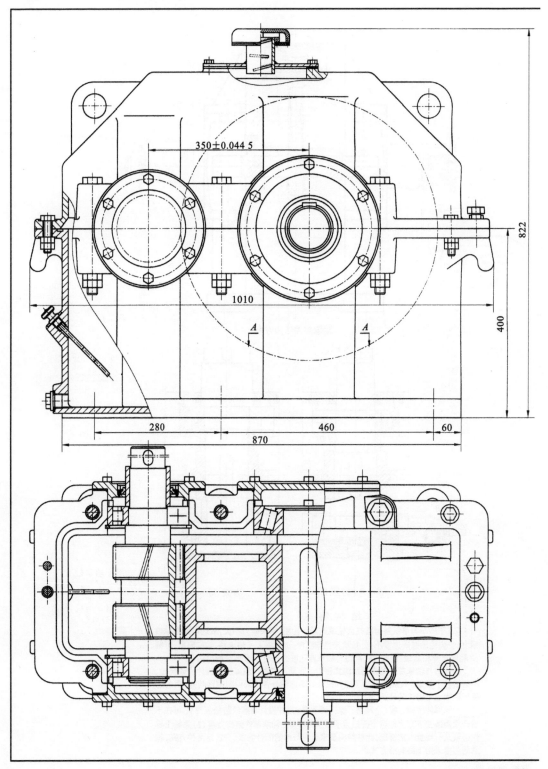

图 L-3　一级圆柱齿轮减速器

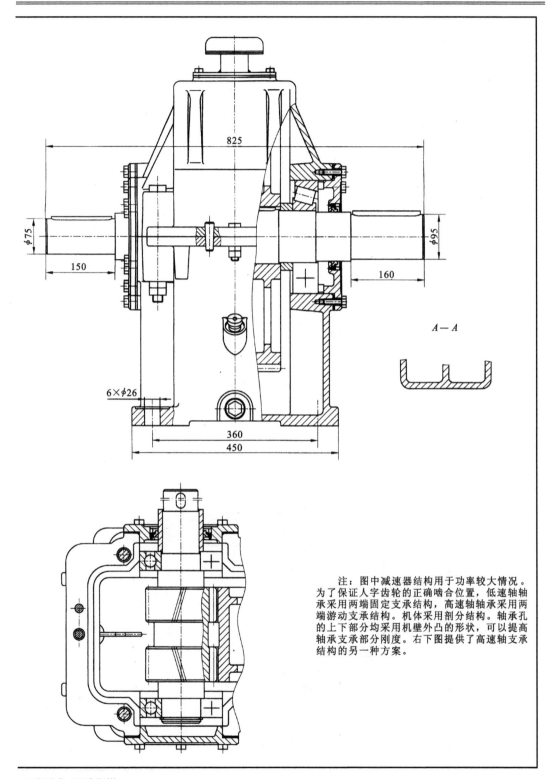

$A-A$

注：图中减速器结构用于功率较大情况。为了保证人字齿轮的正确啮合位置，低速轴轴承采用两端固定支承结构，高速轴轴承采用两端游动支承结构。机体采用剖分结构。轴承孔的上下部分均采用机壁外凸的形状，可以提高轴承支承部分刚度。右下图提供了高速轴支承结构的另一种方案。

（平顶式、飞溅润滑）

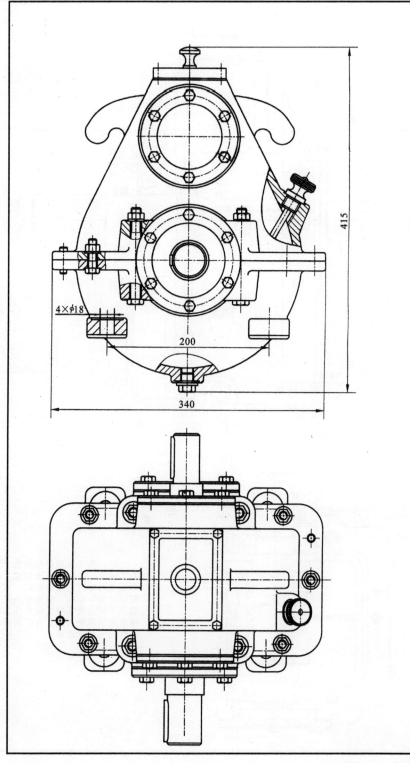

4×φ18

200

340

415

图 L-4　一级圆柱

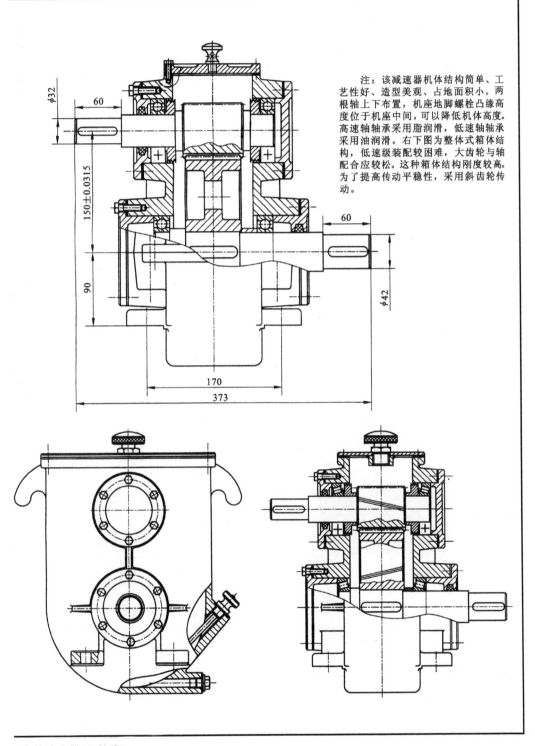

注：该减速器机体结构简单、工艺性好、造型美观、占地面积小。两根轴上下布置，机座地脚螺栓凸缘高度位于机座中间，可以降低机体高度。高速轴轴承采用脂润滑，低速轴轴承采用油润滑。右下图为整体式箱体结构，低速级装配较困难，大齿轮与轴配合应较松。这种箱体结构刚度较高。为了提高传动平稳性，采用斜齿轮传动。

齿轮减速器（立轴式）

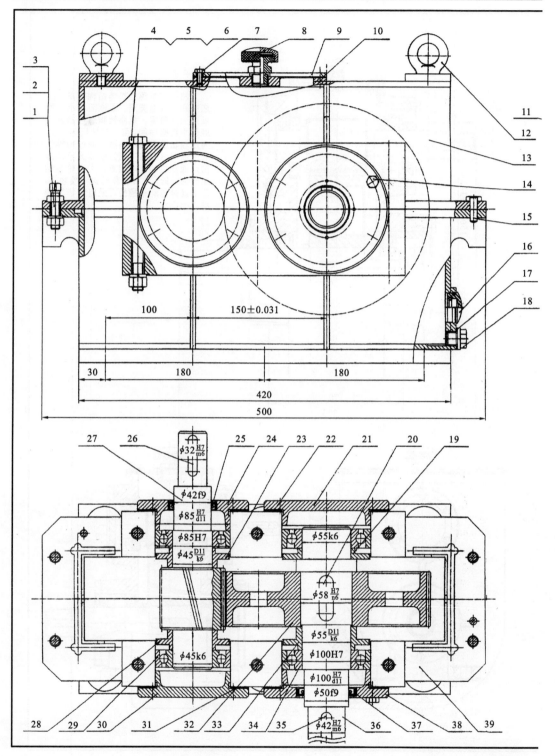

图 L-5　焊接箱体式

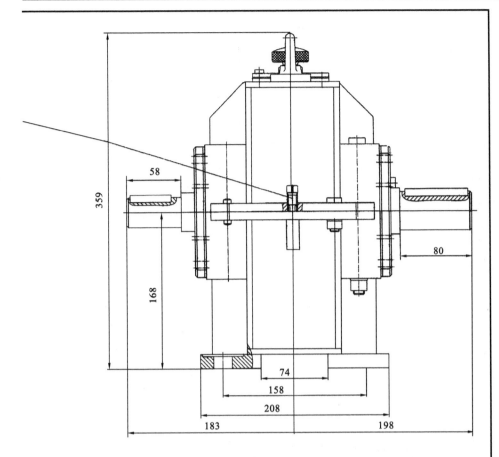

技术特性

输入功率 /kW	输入轴转速 /(r/min)	效率	总传动比	传动特性			
				m_n	β	齿数	精度等级
4.06	960	0.96	3.39	2	14°50′6″	z_1 33	8GH GB/T 10095—1988
						z_2 112	8GK GB/T 10095—1988

技术要求

1. 装配前，箱体与其他铸件不加工面应清理干净，除去毛边毛刺，并浸涂防锈漆。
2. 零件在装配前用煤油清洗，轴承用汽油清洗干净，晾干后配合表面应涂油。
3. 减速器剖分面、各接触面及密封处均不允许漏油、渗油，箱体剖分面允许涂以密封胶或水玻璃，不允许使用其他填料。
4. 齿轮装配后应用涂色法检查接触斑点，圆柱齿轮沿齿高不小于30%，沿齿长不小于50%，齿侧间隙 j_{nmin}=0.160 mm。
5. 调整、固定轴承时留有轴向游隙0.04~0.07 mm。
6. 减速器内装220中负荷齿轮油，油量达到规定的深度。
7. 箱体内壁涂耐油油漆，减速器外表面涂灰色油漆。
8. 按试验规程进行试验。

圆柱齿轮减速器

参 考 文 献

[1] 韩莉.机械设计课程设计[M].重庆:重庆大学出版社,2004.

[2] 吴宗泽,罗胜国.机械设计课程设计[M].3版.北京:高等教育出版社,2006.

[3] 唐增宝,常建娥.机械设计课程设计[M].武汉:华中科技大学出版社,1995.

[4] 巩万鹏,田万禄,张伟华,等.机械设计课程设计[M].北京:科学出版社,2008.

[5] 于惠力,张春宜,潘成义.机械设计课程设计[M].北京:科学出版社,2007.

[6] 王宪伦,徐俊.机械设计课程设计[M].北京:化学工业出版社,2010.

[7] 陈铁鸣.新编机械设计课程设计图册[M].2版.北京:高等教育出版社,2009.

[8] 成大先.机械设计手册[M].4版.北京:化学工业出版社,2002.

[9] 蒲良贵,纪明刚.机械设计[M].7版.北京:高等教育出版社,2001.

[10] 廖念钊,古莹奄,莫雨松,等.互换性与技术测量[M].5版.北京:中国计量出版社,2011.

[11] 马兰.机械制图[M].北京:机械工业出版社,2007.